华章程序员书库

Classic Computer Science Problems in Java

算法精粹

经典计算机科学问题的Java实现

[美] 大卫·科帕克（David Kopec）著

陈洋 杨楠晨 译

机械工业出版社
China Machine Press

图书在版编目（CIP）数据

算法精粹：经典计算机科学问题的 Java 实现 /（美）大卫・科帕克（David Kopec）著；陈洋，杨楠晨译．—北京：机械工业出版社，2022.9（2024.2 重印）
（华章程序员书库）
书名原文：Classic Computer Science Problems in Java
ISBN 978-7-111-71602-0

Ⅰ. ①算… Ⅱ. ①大… ②陈… ③杨… Ⅲ. ① JAVA 语言 - 程序设计 Ⅳ. ① TP312.8

中国版本图书馆 CIP 数据核字（2022）第 170184 号

北京市版权局著作权合同登记 图字：01-2021-3009 号。

算法精粹：经典计算机科学问题的 Java 实现

出版发行：机械工业出版社（北京市西城区百万庄大街 22 号 邮政编码：100037）

责任编辑：张秀华	责任校对：樊钟英 刘雅娜
印 刷：北京捷迅佳彩印刷有限公司	版 次：2024 年 2 月第 1 版第 2 次印刷
开 本：186mm×240mm 1/16	印 张：14
书 号：ISBN 978-7-111-71602-0	定 价：79.00 元

客服电话：（010）88361066 68326294

Preface 前　　言

20年来，Java已经成为世界上非常流行的编程语言之一。可以说，它已经成为企业、高等教育以及Android应用程序开发中的主导语言。通过本书，我希望能够引领大家意识到Java不仅仅是实现最终目标的一种手段，还是解决计算问题的一种工具。本书中的问题能够帮助老练的程序员在学习某些编程语言高级特性的同时，反思之前学过的计算机科学课程内容并有新的收获。使用Java的在校生和自学型程序员都可以通过学习普遍适用的问题求解技术来加速计算机科学课程的学习进度。本书涵盖了各种各样的问题，因此所有人都能从中受益。

本书不是Java的一般性介绍书籍，因此不适合Java新手阅读，而是面向中高级Java程序员。虽然本书使用的是Java 11中的特性，但并不需要你精通该版本的所有内容。

如果说计算机之于计算机科学就像望远镜之于天文学，那么编程语言就像望远镜的镜头。总之，经典计算机科学问题在这里表示“通常在本科计算机科学课程中教授的编程问题”。无论是在本科的课堂（计算机科学、软件工程等）上，还是在中级编程课本（例如，关于人工智能或算法的入门书）中，有些交给新手程序员解决的特定编程问题已经变得司空见惯了，以至于可以被视为经典。从简单的只需寥寥数行代码就能够解决的问题，到复杂的需要跨多个章节来构建系统的问题，这些问题范围很广。有些问题涉及人工智能，有些问题仅涉及常识，有些问题是实际存在的，而有些问题是虚构的。

本书面向的读者

Java被广泛应用于移动应用程序开发、企业网站开发、计算机科学教育、金融软件等领域。有时，人们批评Java过于冗长且缺乏某些现代特性，但是自从Java诞生以来，它可能比其他任何一种编程语言都更影响人们的生活。Java能够流行必定是有其原因的。Java最初被其创造者James Gosling描绘成更好的C++，这种语言能够提供面向对象编程的能力，同时引入安全特性并简化了 C++ 中一些令人沮丧的问题。在我看来，Java 在这方面取得了巨大的成功。

Java 是一种非常棒的通用面向对象语言。然而，许多人开始觉得它刻板乏味，无论是 Android 开发人员还是企业网站开发人员，他们在使用这种语言的大部分时间里感觉就只是在“调用 API”。他们把大量时间花在学习 SDK 或者库的细枝末节上，而不是去解决有趣的问题。本书旨在为这些程序员提供可以缓解这种状况的途径。还有一些程序员，他们从来没有接受过计算机科学相关课程的教育，而这些课程能够教会他们所有能够用来解决问题的强大技术。如果你是只会 Java 但是不懂计算机科学课程内容的程序员的话，那么这本书非常适合你。

还有一些程序员在从事软件开发工作很长一段时间后，会把 Java 作为第二、第三、第四甚至第五种语言来学习。对于他们来说，这些已经在其他语言中遇到过的老问题有助于加快对 Java 的学习速度。本书可以作为他们求职面试前很好的复习材料，为他们揭示一些以前在工作中没有考虑过的问题求解技巧。

本书适合中级和富有经验的程序员阅读。想要加深对 Java 知识理解的老练程序员，可以发现本书中提到的很多问题似曾相识，在之前上过的计算机科学或者编程课程上都遇到过。中级程序员可以通过他们熟悉的 Java 语言来学习这些经典的问题。准备进行编程面试的开发人员会发现本书是非常有价值的复习材料。

除了专业程序员，本书对于对 Java 感兴趣的计算机科学本科生来说也会很有帮助。本书没有对数据结构和算法进行严谨的介绍。*这不是一本关于数据结构和算法的教材*。你不会在本书中看到证明或者大量使用大 O 符号的情况。相反，它被定位为关于问题求解技术的入门实践指南，仿佛是数据结构、算法和人工智能课程融合的产物。

再次强调一下，本书需要你具备 Java 语法和语义的相关知识。没有编程经验的读者无法从本书中受益，而不具备 Java 经验的程序员也势必会陷入苦战。换句话说，本书是一本面向 Java 程序员和计算机科学专业学生的书。

本书的结构：路线图

第 1 章介绍大多数读者可能已经熟知的问题求解技术。像递归、记忆化和位运算这类内容是后续章节讨论其他技术的基础。

第 2 章重点介绍搜索问题。搜索是一个非常大的主题，本书中的大部分问题都可以归到这个主题下。本章介绍最基本的搜索算法，包括二分搜索、深度优先搜索、广度优先搜索和 A* 搜索。

第 3 章介绍如何建立一个框架来解决广泛的问题。这些问题可以用相互之间受到约束的有限领域变量来进行抽象，包括经典的八皇后问题、澳大利亚地图着色问题以及字谜问题。

第 4 章探索图算法。对于初学者来说，这些算法的适用范围非常广。本章将介绍如何构建图数据结构，然后使用它来解决几个经典的优化问题。

第 5 章探讨遗传算法，这种算法在不确定性上要比本书中的大多数算法大得多，但有时可以解决那些传统算法无法在合理的时间内解决的问题。

第 6 章介绍 k 均值聚类，这可能是本书中算法最具体的一章。这种聚类技术实现简单，易于理解，适用范围广。

第 7 章解释什么是神经网络，旨在让读者领略简单神经网络究竟是什么样子的。本章不会全面介绍这个令人兴奋而又不断发展的领域，而是介绍如何在不使用外部库的情况下根据基本原理来构建神经网络，让你真正了解神经网络究竟是如何工作的。

第 8 章介绍双人博弈中的对抗搜索。本章将探索一种被称为极小化极大的搜索算法，该算法可以用来开发国际象棋、国际跳棋和四子棋程序。

第 9 章涵盖一些书中其他章节没有提及的有趣问题。

第 10 章是对 Oracle 的 Java 语言架构师布赖恩 · 戈茨（Brian Goetz）的访谈，他指导了该语言的开发工作。他为读者提供了一些有关编程和计算机科学的明智建议。

关于代码

本书源代码是基于 Java 11 编写的，而且利用了 Java 11 的某些新特性，因此有些代码可能无法在早期的 Java 版本下运行。与其耗尽心血尝试在早期 Java 版本中运行代码，还不如在开始阅读本书之前事先下载好新版本的 Java。之所以选择 Java 11 版本，是因为该版本是撰写本文时 Java 所发布的最新 LTS（Long-Term Support，长期维护）版本。事实上，其中大量代码都可以在 Java 8 及之后的版本中运行。据我所知，仍有很多程序员出于各种各样的原因（比如 Android）在使用 Java 8，但是我希望能在使用较新 Java 版本的同时，通过讲授一些该语言的新特性来为读者提供额外的价值。

本书中的代码只使用了 Java 标准库，因此可以在所有支持 Java 的操作系统（例如 macOS、Windows、GNU/Linux 等）上运行。虽然这些代码在所有可能的 Java 实现版本中都能运行，但是目前只基于 OpenJDK（一种主要的 Java 实现版本，可以从 https://openjdk.java.net 上获取）进行了测试。

本书没有介绍如何使用 Java 工具，例如编辑器、IDE 和调试器。书中的源代码可以通过 GitHub 代码仓库（https://github.com/davecom/ClassicComputerScienceProblemsInJava）获取。

源代码按章分类放到了对应的文件夹中。当你阅读每一章时，你可以在每个代码清单的标题中看到对应的源文件名，并可以在代码仓库的对应文件夹中找到该源文件。

请注意，代码仓库是基于Eclipse工作区进行组织的。Eclipse是一个流行的免费Java IDE，可以在三大操作系统上使用，并且可以从https://www.eclipse.org获得。使用源代码仓库最简单的方式就是下载后将其以Eclipse工作区的方式打开，然后展开src目录和以章命名的包，用鼠标右键单击（或者在Mac上按住Ctrl + 鼠标左键）包含`main()`方法的文件，在弹出的菜单里选择Run As > Java Application来运行示例问题的解决方案代码。本书不会提供关于Eclipse的教程，因为我相信Eclipse对于绝大多数中级程序员来说很容易上手。此外，我希望多数程序员能在其他的Java环境下使用本书。

由于只使用了标准Java库，所以你可以选择任意一种你喜欢的IDE（例如NetBeans、IntelliJ等）来运行本书中的源代码。但需要注意的是，如果你选择了其他IDE的话，我无法为项目的导入过程提供支持，尽管这项工作非常简单。绝大多数IDE都可以从Eclipse导入。

简而言之，如果你需要从零开始设置计算机以便运行书中的源代码的话，可以执行以下的操作：

1）从https://openjdk.java.net上下载Java 11或更新的版本并安装。

2）从https://www.eclipse.org上下载Eclipse并安装。

3）从代码仓库https://github.com/davecom/ClassicComputerScienceProblemsInJava上下载本书的源代码。

4）在Eclipse中打开下载好的代码文件夹作为工作区。

5）用鼠标右键单击想运行的源代码文件，并选择Run As → Java Application来运行代码。

本书没有提供图形输出或使用图形用户界面（Graphical User Interface，GUI）的示例。这是为什么呢？因为我们要用尽可能简洁易读的解决方案来解决提出的问题。通常，给出图形会非常麻烦，相较于描述问题中的技术或算法的方式，它们会使解决方案变得异常复杂。

此外，由于没有使用任何GUI框架，所以本书中所有的代码都是可移植的。可以在Linux的命令行界面中使用内嵌的Java发行版本来运行代码，就像在Windows桌面上运行一样简单。同样，就像许多高级Java书籍所采用的方式一样，刻意不采用任何外部库，只用到了Java标准库中的包。这又是为什么呢？因为我们要从基本原理来讲授解决问题的技术，而不是“安装一个解决方案”。通过从头开始解决每一个问题，你将会了解那些流行的库在幕后是如何工作的。起码只使用标准库可以使代码更易于移植和运行。

并不是说有时候基于文字的解决方案比图形解决方案更能阐释算法。这不是本书关注的内容，它只会徒增不必要的复杂性。

其他在线资源

这是Manning出版社出版的“经典计算机科学问题”系列的第三本书。第一本书*Classic Computer Science Problems in Swift*于2018年出版，第二本书*Classic Computer Science Problems in Python*于2019年出版。我希望在这个系列的每一本书中通过不同的编程语言来讲授（几乎）相同的计算机科学问题。

如果你喜欢这本书，并且计划学习刚好被本系列所覆盖的另一种语言的话，你会发现直接学习本系列的另一本书是掌握那门语言的便捷方法。目前该系列覆盖Swift、Python和Java语言。由于我在这些语言方面都有丰富的经验，所以这三本书都是由我一个人编写的。我们已经在商讨该系列未来出版的书籍会请其他语言专家一起来编写的计划。如果你喜欢本书，我建议你持续关注本系列的其他书籍。有关该系列的更多信息，请访问https://classicproblems.com/。

致　　谢 Acknowledgements

感谢 Manning 出版社所有为完成本书提供过帮助的人。特别感谢编辑 Jenny Stout，她的关怀帮助我度过了撰写三本书时最困难的时期；感谢技术编辑 Frances Buontempo 对细节的把关；感谢策划编辑 Brian Sawyer 对“经典计算机科学问题”系列的信任，并且总是理性地看待这个系列；感谢文字编辑 Andy Carroll 在过去几年里发现了许多我未曾发现的错误；感谢 Radmila Ercegovac 在全世界推广这个系列；感谢审稿人 Jean-François Morin 让代码更整洁、更现代。同时，我还要感谢责任编辑 Deirdre Hiam、校对员 Katie Tennant、审稿编辑 Aleks Dragosavljevic′。Manning 出版社管理、绘图、排版、财务、营销、审校和制作等部门里还有很多人为出版这本书付出了不少努力，虽然我对他们并不熟悉，但是感谢他们为本书做出的贡献。

谢谢 Brian Goetz，感谢他慷慨地抽出时间接受了我的采访，读者肯定非常开心能从此次访谈中有所收获。能采访他是我莫大的荣幸。

感谢我的妻子 Rebecca、我的妈妈 Sylvia，感谢她们在这不愉快的一年里给予我的坚定支持。

感谢所有审阅过本书的朋友们：Andres Sacco、Ezra Simeloff、Jan van Nimwegen、Kelum Prabath Senanayake、Kimberly Winston-Jackson、Raffaella Ventaglio、Raushan Jha、Samantha Berk、Simon Tschöke、Víctor Durán 以及 William Wheeler。感谢他们花费时间和精力审阅本书，让本书变得更好。

最重要的是要感谢支持“经典计算机科学问题”系列的读者。如果你喜欢这本书，请留下评论，这会对我们非常有帮助。

Contents 目　录

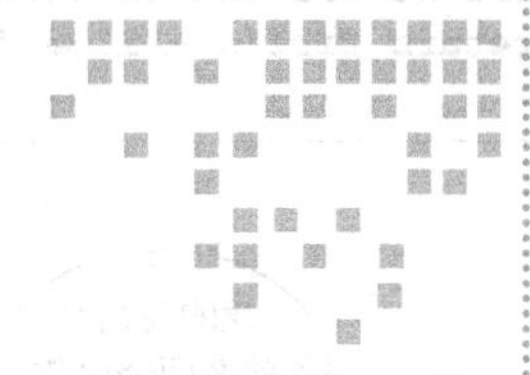

第 1 章 Chapter 1

一些小问题

首先来探索一些可以用几个相对短小的函数就能解决的小问题。虽然这些问题并不复杂，但仍能让我们探索一些有趣的问题求解技术。就让它们来帮我们热热身吧！

1.1 斐波那契数列

斐波那契数列是一组数字，除了第一个和第二个数字外，其他数字都是前两个数字之和：

```
0, 1, 1, 2, 3, 5, 8, 13, 21...
```

其中第一个斐波那契数的值是 0，第四个斐波那契数的值是 2。因此，要得到后续数列中任一斐波那契数 n 的值，可以使用下面的公式：

```
fib(n) = fib(n - 1) + fib(n - 2)
```

1.1.1 第一次递归尝试

前面计算斐波那契数列的公式（见图 1.1）是一种伪代码形式，我们可以简单地将其转换为递归 Java 方法。所谓递归方法是一种重复调用自身的方法。我们使用这种机械式的转换方法来完成首次尝试，返回斐波那契数列中的给定值。

代码清单 1.1 Fib1.java

```
package chapter1;

public class Fib1 {

    // This method will cause a java.lang.StackOverflowError
```

```
    private static int fib1(int n) {
        return fib1(n - 1) + fib1(n - 2);
    }
```

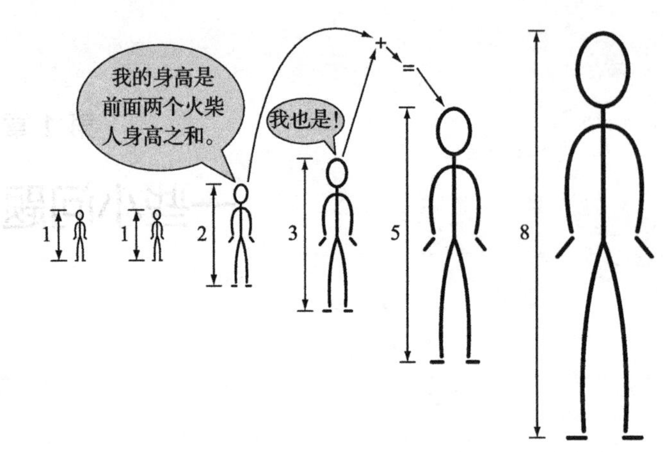

图 1.1　每个火柴人的身高都是前两个火柴人的身高之和

下面尝试使用参数来调用这个方法。

代码清单 1.2　Fib1.java 续

```
    public static void main(String[] args) {
        // Don't run this!
        System.out.println(fib1(5));
    }
}
```

当尝试运行 Fib1.java 时，会得到如下异常：

```
Exception in thread "main" java.lang.StackOverflowError
```

原因在于 fib1() 会一直运行下去而不返回最终结果。每次调用 fib1() 都会导致另外两次 fib1() 的调用，如此反复永无止境。我们称这种情况为无限递归（见图 1.2），它类似于无限循环。

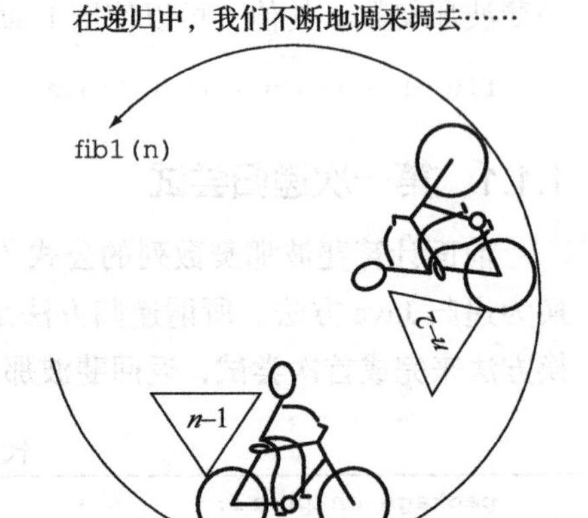

图 1.2　递归函数 fib1(n) 使用参数 n-1 和 n-2 调用自身

1.1.2　基线条件的运用

请注意，在运行 fib1() 之前，Java 环境不会提示它有任何问题。避免无限递归是程序员的职责，而不是由编译器来负责。出现无限递归的原因是我们从未指定基线条件。在递归函数中，基线条件是指停止递归的条件。

就斐波那契数列而言，本身就存在两个基线条件，也就是数列最开始的两个特殊数字0和1。0和1都不是由数列中前两个数字求和得来的，而是数列最开始的两个特殊值。我们尝试将它们设为基线条件。

代码清单 1.3　Fib2.java

```
package chapter1;

public class Fib2 {
    private static int fib2(int n) {
        if (n < 2) { return n; }
        return fib2(n - 1) + fib2(n - 2);
    }
```

> 注意　斐波那契方法的fib2()版本将返回0作为第0个数字（fib2(0)），而不是我们原始命题中的第一个数字。在编程时，这样处理很有意义，因为大家已经习惯从第0个元素开始。

fib2()可以成功被调用并返回正确的结果。尝试用一些小的数值来调用它。

代码清单 1.4　Fib2.java 续

```
    public static void main(String[] args) {
        System.out.println(fib2(5));
        System.out.println(fib2(10));
    }
}
```

不要尝试调用fib2(40)。运行它可能需要很长时间！这是为什么呢？每次调用fib2()都会导致另外两次递归的fib2()调用，也就是fib2(n-1)和fib2(n-2)（见图1.3）。换句话说，这种树状调用结构将呈指数级增长。例如，调用fib2(4)将会导致如下一系列的调用：

```
fib2(4) -> fib2(3), fib2(2)
fib2(3) -> fib2(2), fib2(1)
fib2(2) -> fib2(1), fib2(0)
fib2(2) -> fib2(1), fib2(0)
fib2(1) -> 1
fib2(1) -> 1
fib2(1) -> 1
fib2(0) -> 0
fib2(0) -> 0
```

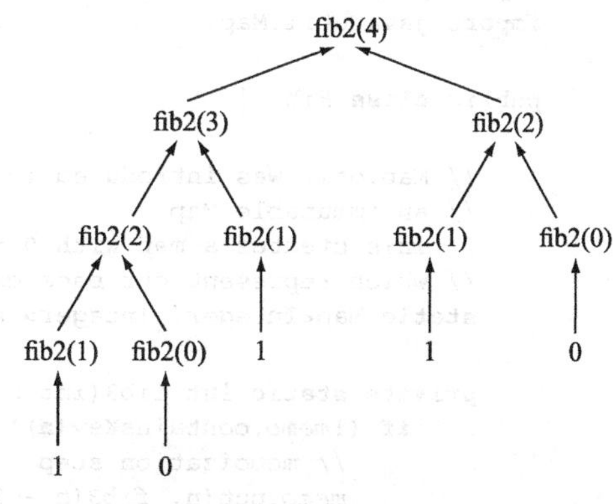

图1.3　fib2()的每一次非基线条件调用都会导致fib2()的两次调用

计算一下调用次数（调用打印方法就可以看到相应的过程），仅为了计算第4个元素就需要调用9次fib2()！情况会越来越糟，计算第5个元素需要15次调用，计算第10个元素需要177次调用，计算第20个元素需要21 891次调用。我们可以对这种情况进行优化。

1.1.3 使用记忆化

记忆化（Memoization）[⊖]是一种缓存技术，即在计算任务完成时将结果保存，以便下次需要时可以直接检索出结果，而无须一而再再而三地重复计算（见图 1.4）。

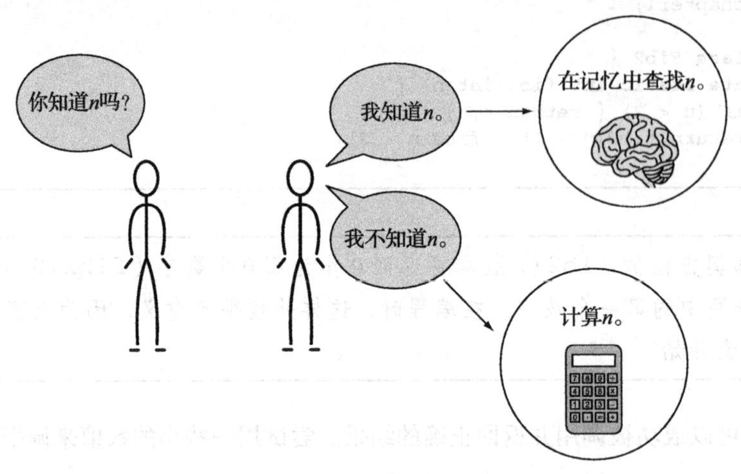

图 1.4 人类的记忆机制

让我们创建一个新的斐波那契方法，它将使用 Java Map 来实现记忆化。

代码清单 1.5 Fib3.java

```
package chapter1;

import java.util.HashMap;
import java.util.Map;

public class Fib3 {

    // Map.of() was introduced in Java 9 but returns
    // an immutable Map
    // This creates a map with 0->0 and 1->1
    // which represent our base cases
    static Map<Integer, Integer> memo = new HashMap<>(Map.of(0, 0, 1, 1));

    private static int fib3(int n) {
        if (!memo.containsKey(n)) {
            // memoization step
            memo.put(n, fib3(n - 1) + fib3(n - 2));
        }
        return memo.get(n);
    }
```

⊖ Donald Michie，英国著名计算机科学家，他创造了“Memoization”这个词。参见 Donald Michie, *Memo Functions: A Language Feature with“rote-learning” Properties* (Edinburgh University, Department of Machine Intelligence and Perception, 1967).

现在就可以安全地调用 fib3(40) 了。

代码清单 1.6 Fib3.java 续

```
    public static void main(String[] args) {
        System.out.println(fib3(5));
        System.out.println(fib3(40));
    }
}
```

现在运行 fib3(20) 只会调用 fib3() 39 次，而不会像 fib2(20) 那样产生 21 891 次调用。memo 中预先放入了基线条件 0 和 1，并加入了一条 if 语句，从而大幅降低了 fib3() 的计算复杂度。

1.1.4 简洁的斐波那契方法

还有一个性能更好的方法。我们可以用老式的迭代方法求解斐波那契数列。

代码清单 1.7 Fib4.java

```
package chapter1;

public class Fib4 {

    private static int fib4(int n) {
        int last = 0, next = 1; // fib(0), fib(1)
        for (int i = 0; i < n; i++) {
            int oldLast = last;
            last = next;
            next = oldLast + next;
        }
        return last;
    }

    public static void main(String[] args) {
        System.out.println(fib4(20));
        System.out.println(fib4(40));
    }
}
```

要点是 last 被设置为 next 的前一个值，next 被设置为 last 的前一个值加上 next 的前一个值。使用临时变量 oldLast 在交换过程中进行过渡。

使用这种方法，for 循环体将运行 n-1 次。这是迄今为止最高效的版本。为了计算第 20 个斐波那契数，这里的 for 循环体只需运行 19 次，而 fib2() 则需要 21 891 次递归调用。这会对实际应用程序产生重大影响！

递归是反向求解，而迭代是正向求解。有时递归是解决问题最直观的方法。例如，fib1() 和 fib2() 的实现基本上是原始斐波那契公式的直接转换。然而，直观的递归解决方案也会带来巨大的性能成本。请记住，任何可以使用递归解决的问题也可以使用迭代来解决。

1.1.5 使用流来生成斐波那契数列

到目前为止，已实现的方法都只能输出斐波那契数列中的单个值。如果要将某个数值之前的整个数列进行输出，又该怎么做呢？使用生成器模式很容易就能把fib4()转换为Java流。当生成器执行迭代时，每次迭代都会使用返回下一个数字的lambda函数从斐波那契数列中生成一个值。

代码清单1.8 Fib5.java

```java
package chapter1;

import java.util.stream.IntStream;

public class Fib5 {
    private int last = 0, next = 1; // fib(0), fib(1)

    public IntStream stream() {
        return IntStream.generate(() -> {
            int oldLast = last;
            last = next;
            next = oldLast + next;
            return oldLast;
        });
    }

    public static void main(String[] args) {
        Fib5 fib5 = new Fib5();
        fib5.stream().limit(41).forEachOrdered(System.out::println);
    }
}
```

运行Fib5.java，将会打印出斐波那契数列的前41个数字。对于数列中的每个数字，Fib5都会运行generate()这个lambda函数一次，它对用来保持状态的last和next实例变量进行操作。limit()用来确保可能会无限执行下去的流在到达第41项时停止输出数字。

1.2 简单的压缩算法

无论是在虚拟世界还是现实环境，节省空间都十分重要。空间占用越少，利用率就越高，也会更节省成本。如果所租的公寓大小超过了家中人和物品所需要的空间，就可以"缩"到更便宜的小公寓去。如果数据按字节付费的方式存储在服务器上，那么压缩一下数据就可以降低存储成本。压缩就是读取数据并对其进行编码（修改格式）的操作，以便减少数据占用的空间。解压缩则是反向的过程，即将数据恢复到原始格式。

既然压缩数据的存储效率更高，那么为什么不把所有数据全都压缩了呢？这是因为需要对时间和空间进行权衡。压缩一段数据并将其解压回原始格式需要耗费一定的时间。因此，只有在对数据大小的要求优先于数据传输速度的情况下，数据压缩才有意义。想想正在通过互联网传输的大文件。压缩它们是有道理的，因为传输文件所需的时间比收到后解压缩文件所需的时间更长。此外，压缩文件以将其存储在原始服务器上所花费的时间只需计算一次。

如果能够意识到数据类型占用的二进制位数要比其内容实际需要的多，就可以想到一个最简单的数据压缩方案。例如，从底层考虑，如果一个永远不会超过32 767的有符号整数在内存中存储为64位的long类型，其存储效率就很低。所以它可以存储为16位的short类型。将64位换为16位可以让该整数实际占用的空间减少75%。如果数以百万计的此类数字被低效存储，则可能会浪费多达数兆字节的空间。

在Java编程中，有时为了简单起见，开发人员无法按位思考。绝大多数Java代码都使用32位int类型来存储整数。对于绝大多数应用程序来说，这确实没有错。但是，如果要存储数百万个整数，或者需要特定精度的整数，那么可能需要考虑适合它们的类型是什么。

注意 如果对二进制有点生疏，请回想一下，位是一个单一的值，它可以是1或0。在二进制中用1和0的序列来表示一个数字。就本节而言，我们不需要以2为基数来进行任何数学运算，但需要明白类型存储的位数决定了它可以表示多少个不同的值。例如，1位二进制数可以表示2个值（0或1），2位二进制数可以表示4个值（00、01、10、11），3位二进制数可以表示8个值，以此类推。

如果某个类型可以表示的数字数量少于用来存储它的位数可以表示的值的数量，或许存储效率就能得以提高。可以试想一下DNA中组成基因的核苷酸。每个核苷酸只能是以下4个值之一：A、C、G或T。如果将基因存储为Java字符串（可以将其视为Unicode字符的集合），则每个核苷酸将由一个字符表示，在Java中通常需要16位的存储空间（Java默认使用UTF-16编码）。二进制只需要2位来存储这种具有4个值的类型，00、01、10和11就是可以用2位表示的4个不同值。如果用00表示A，01表示C，10表示G，11表示T，那么一个核苷酸字符串所需的存储空间可以减少87.5%（每个核苷酸从16位减少到2位）。

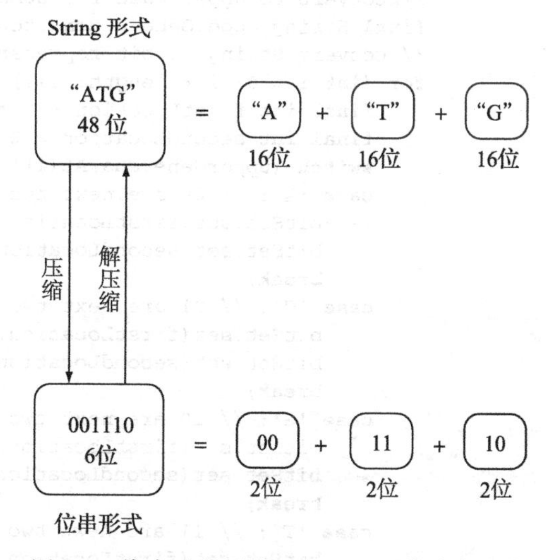

图1.5 将表示基因的String压缩为每个核苷酸占2位的位串

我们可以将核苷酸存储为位串类型，而不是String（见图1.5）。正如其名，位串就是由1和0组成的任意长度的序列。幸运的是，Java标准库包含一个现成的结构，可用于处理任意长度的位串，称为 BitSet。下面的代码将把 A、C、G 和 T 组成的 String 转换为位串，然后再转换回 String。位串通过 compress() 方法存储在 BitSet 中。还需要实现一个 decompress() 方法来将位串转换回 String 类型。

代码清单 1.9 CompressedGene.java

```
package chapter1;

import java.util.BitSet;

public class CompressedGene {
    private BitSet bitSet;
    private int length;

    public CompressedGene(String gene) {
        compress(gene);
    }
```

CompressedGene 构造函数参数中的 String 表示基因中的核苷酸，并在该类型内部将核苷酸序列存储为 BitSet。构造函数的主要职责是使用适当的数据初始化 BitSet。构造函数调用 compress() 来完成将给定的核苷酸字符串转换为 BitSet 的琐碎工作。

接下来看看压缩是如何执行的。

代码清单 1.10 CompressedGene.java 续

```
private void compress(String gene) {
    length = gene.length();
    // reserve enough capacity for all of the bits
    bitSet = new BitSet(length * 2);
    // convert to upper case for consistency
    final String upperGene = gene.toUpperCase();
    // convert String to bit representation
    for (int i = 0; i < length; i++) {
        final int firstLocation = 2 * i;
        final int secondLocation = 2 * i + 1;
        switch (upperGene.charAt(i)) {
        case 'A': // 00 are next two bits
            bitSet.set(firstLocation, false);
            bitSet.set(secondLocation, false);
            break;
        case 'C': // 01 are next two bits
            bitSet.set(firstLocation, false);
            bitSet.set(secondLocation, true);
            break;
        case 'G': // 10 are next two bits
            bitSet.set(firstLocation, true);
            bitSet.set(secondLocation, false);
            break;
        case 'T': // 11 are next two bits
            bitSet.set(firstLocation, true);
            bitSet.set(secondLocation, true);
            break;
```

```
            default:
                throw new IllegalArgumentException("The provided gene String
        contains characters other than ACGT");
            }
        }
    }
```

compress() 方法会遍历核苷酸 String 中的每个字符。当遇到 A 时，就把 00 添加到位串。当遇到 C 时，就添加 01，以此类推。在 BitSet 类中，布尔值 true 和 false 分别表示 1 和 0。

添加每个核苷酸时，需要调用两次 set() 方法。也就是说，会不断地在位串的末尾添加两个新位。添加的两个位的值由核苷酸的类型决定。

最后来实现解压缩方法。

代码清单 1.11　CompressedGene.java 续

```
    public String decompress() {
        if (bitSet == null) {
            return "";
        }
        // create a mutable place for characters with the right capacity
        StringBuilder builder = new StringBuilder(length);
        for (int i = 0; i < (length * 2); i += 2) {
            final int firstBit = (bitSet.get(i) ? 1 : 0);
            final int secondBit = (bitSet.get(i + 1) ? 1 : 0);
            final int lastBits = firstBit << 1 | secondBit;
            switch (lastBits) {
            case 0b00: // 00 is 'A'
                builder.append('A');
                break;
            case 0b01: // 01 is 'C'
                builder.append('C');
                break;
            case 0b10: // 10 is 'G'
                builder.append('G');
                break;
            case 0b11: // 11 is 'T'
                builder.append('T');
                break;
            }
        }
        return builder.toString();
    }
```

decompress() 每次从位串中读取两位，再用这两位确定要将哪个字符添加到使用 StringBuilder 构建的基因 String 末尾。这两位组合在一起得到变量 lastBits。lastBits 是通过将第一位左移一位，然后将结果与第二位进行“或”运算（运算符为 |）得到的。当一个值被向左移动时，使用 << 运算符，出现的空位用 0 来填充。或运算表示“如果这些位中的任何一位为 1，则结果为 1。”因此，将 secondBit 与 0 进行“或”运算，

结果始终是 secondBit 的值。让我们检验一下。

代码清单 1.12　CompressedGene.java 续

```
    public static void main(String[] args) {
        final String original =
"TAGGGATTAACCGTTATATATATATAGCCATGGATCGATTATATAGGGATTAACCGTTATATATATATAGC
CATGGATCGATTATA";
        CompressedGene compressed = new CompressedGene(original);
        final String decompressed = compressed.decompress();
        System.out.println(decompressed);
        System.out.println("original is the same as decompressed: " +
original.equalsIgnoreCase(decompressed));
    }

}
```

在 main() 方法中执行压缩和解压缩操作。使用 equalsIgnoreCase() 检查最终结果是否与原始 String 相同。

代码清单 1.13　CompressedGene.java 的输出结果

```
TAGGGATTAACCGTTATATATATATAGCCATGGATCGATTATATAGGGATTAACCGTTATATATATATAGCCATGGA
    TCGATTATA
original is the same as decompressed: true
```

1.3 牢不可破的加密方案

一次性密码本（one-time pad）是一种数据加密方式，它将无意义的随机假数据（random dummy data）混入原始数据中，如果无法同时拿到加密结果和假数据，就不能重建原始数据。这本质上是给加密程序配上了密钥对。其中一个密钥是加密结果，另一个密钥则是随机假数据。只有一个密钥是没有用的，必须同时拥有两个密钥才能解密出原始数据。只要运行无误，一次性密码本就是一种无法破解的加密形式。图 1.6 展示了这一过程。

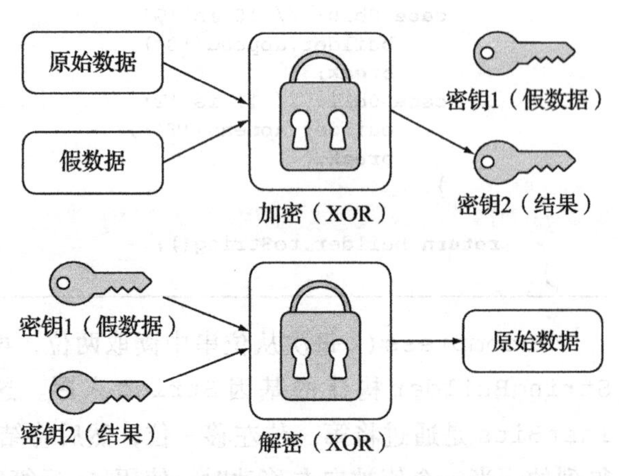

图 1.6　一次性密码本会产生两个可以分开存放的密钥，后续可重新组合以重建原始数据

1.3.1 按顺序获取数据

在此示例中，我们将使用一次性密码本来加密字符串。Java 字符串可被视为 UTF-16 字符序列（UTF-16 是一种 Unicode 字符编码）。每个 UTF-

16字符是16位的并且可以进一步细分为2个字节（每个字节8位）。可以通过getBytes()方法将String转换为字节数组，也就是字节类型的数组。同样，可以使用String类型自带的构造函数将字节数组转换回String。还需要一个中间形式来存储密钥对，它由两个字节数组组成。以上就是KeyPair类的职责。

代码清单 1.14 KeyPair.java

```
package chapter1;

public final class KeyPair {
    public final byte[] key1;
    public final byte[] key2;
    KeyPair(byte[] key1, byte[] key2) {
        this.key1 = key1;
        this.key2 = key2;
    }
}
```

一次性密码本的加密操作中使用的假数据必须符合三个标准，这样最终的结果才不会被破解。这三个标准是，假数据必须与原始数据长度相同、真正随机、完全保密。第一个和第三个标准是常识。如果假数据因为太短而重复，就有可能被看出规律。如果其中一个密钥不完全保密（可能在其他地方重复使用或部分泄露），那么攻击者就能获得一条线索。第二个标准本身就提出了一个问题：能产生真正随机的数据吗？大多数计算机的答案是否定的。

在本例中，我们将使用标准库里Random类中的伪随机数据生成函数nextBytes()。这里的数据不是真正随机的，因为Random类在幕后采用的仍然是伪随机数生成器，但它对我们来说已经足够了。下面就生成一个随机密钥作为假数据使用。

代码清单 1.15 UnbreakableEncryption.java

```
package chapter1;

import java.util.Random;

public class UnbreakableEncryption {
    // Generate *length* random bytes
    private static byte[] randomKey(int length) {
        byte[] dummy = new byte[length];
        Random random = new Random();
        random.nextBytes(dummy);
        return dummy;
    }
```

该方法创建了一个给定长度（length）的随机字节数组。最终，这些字节将作为密钥对中的假数据。

1.3.2 加密和解密

如何将假数据与要加密的原始数据相结合？XOR运算可以满足该需求。XOR是一种逻辑位运算（二进制位级别的操作），当其中一个操作数为真时，返回 true；当两者都为真或都不为真时，返回 false。可能大家都已经猜到了，XOR 就是异或（Exclusive OR）。

在 Java 中，XOR 运算符是 ^。在二进制数位的上下文中，0^1 和 1^0 返回 1，而 0^0 和 1^1 则返回 0。如果使用 XOR 合并两个数的二进制位，那么把结果数与其中某个操作数重新合并即可生成另一个操作数，这是一个很有用的特性：

```
C = A ^ B
A = C ^ B
B = C ^ A
```

上述重要发现构成了一次性密码本加密方案的基础。为了生成结果数据，只要简单地将原始字符串的字节与随机生成且长度相同的字节（由 randomKey() 生成）进行 XOR 运算即可。返回的密钥对就是假数据和加密结果，如图 1.6 所示。

代码清单 1.16 UnbreakableEncryption.java 续

```java
public static KeyPair encrypt(String original) {
    byte[] originalBytes = original.getBytes();
    byte[] dummyKey = randomKey(originalBytes.length);
    byte[] encryptedKey = new byte[originalBytes.length];
    for (int i = 0; i < originalBytes.length; i++) {
        // XOR every byte
        encryptedKey[i] = (byte) (originalBytes[i] ^ dummyKey[i]);
    }
    return new KeyPair(dummyKey, encryptedKey);
}
```

解密过程只需将 encrypt() 生成的密钥对重新合并即可。只要在两个密钥的每个二进制位之间再执行一次 XOR 运算，就可以完成解密任务了。最终的输出结果必须转换回 String 类型。这可以使用 String 类的构造函数来实现，该构造函数将字节数组作为其唯一参数。

代码清单 1.17 UnbreakableEncryption.java 续

```java
public static String decrypt(KeyPair kp) {
    byte[] decrypted = new byte[kp.key1.length];
    for (int i = 0; i < kp.key1.length; i++) {
        // XOR every byte
        decrypted[i] = (byte) (kp.key1[i] ^ kp.key2[i]);
    }
    return new String(decrypted);
}
```

如果上述一次性密码本的加密过程真的有效，那么就能够正确地加密和解密 Unicode 字符串了。

代码清单 1.18 UnbreakableEncryption.java 续

```java
public static void main(String[] args) {
    KeyPair kp = encrypt("One Time Pad!");
    String result = decrypt(kp);
```

```
        System.out.println(result);
    }
}
```

如果控制台输出 One Time Pad!，则证明程序正确。

1.4 计算 π

数学中重要的数字 π（3.14159…）可以使用很多公式推导出来。最简单的公式之一是莱布尼茨公式。它假定以下无穷级数收敛于 π：

```
π = 4/1 - 4/3 + 4/5 - 4/7 + 4/9 - 4/11···
```

注意，无穷级数的分子均为 4，而分母逐项增加 2，并且对每一项的运算在加法和减法之间交替进行。

可以通过将公式的各个部分转换为函数中的变量来对无穷级数进行建模。分子可以是常数 4，分母可以是从 1 开始并以 2 递增的变量。根据是加法还是减法，运算符可以表示为 -1 或 1。最后，代码清单 1.19　中使用变量 pi（即 π）在 for 循环过程中保存各级数之和。

代码清单 1.19　PiCalculator.java

```java
package chapter1;

public class PiCalculator {

    public static double calculatePi(int nTerms) {
        final double numerator = 4.0;
        double denominator = 1.0;
        double operation = 1.0;
        double pi = 0.0;
        for (int i = 0; i < nTerms; i++) {
            pi += operation * (numerator / denominator);
            denominator += 2.0;
            operation *= -1.0;
        }
        return pi;
    }

    public static void main(String[] args) {
        System.out.println(calculatePi(1000000));
    }
}
```

提示　在 Java 中，double 是 64 位浮点数，它们比 32 位浮点数的精度更高。

在建模或仿真某个有趣的概念时，直接套用公式的代码实现方式是一种简单而高效的方法，以上函数就是一个很好的例子。直接转换是一种有用的工具，但必须牢记它不一定是最有效的解决方案。其实，π 的莱布尼茨公式可以用更高效或更紧凑的代码来实现。

> 注意 无穷级数中的项越多（调用 calculatePi() 时 nTerms 的值越大），π 的最终计算结果就越精确。

1.5 汉诺塔问题

三根立柱（以下称为“塔”）高高耸立，我们将其标记为 A、B 和 C。甜甜圈形状的圆盘套在 A 塔上。最大的圆盘位于底部，将其称为圆盘 1。圆盘 1 上方的其余圆盘逐渐变小并标有递增的数字。假如要移动三个圆盘，最大的圆盘（也就是底部的圆盘）是圆盘 1。第二大的圆盘 2 将放在圆盘 1 的上方。最小的圆盘 3 则放在圆盘 2 的上方。我们的目标是将所有圆盘从 A 塔移动到 C 塔，并遵循以下规则：

- 一次只能移动一个圆盘。
- 只有塔顶的圆盘才可以被移动。
- 大圆盘不能放在小圆盘的上面。

图 1.7 给出了总体说明。

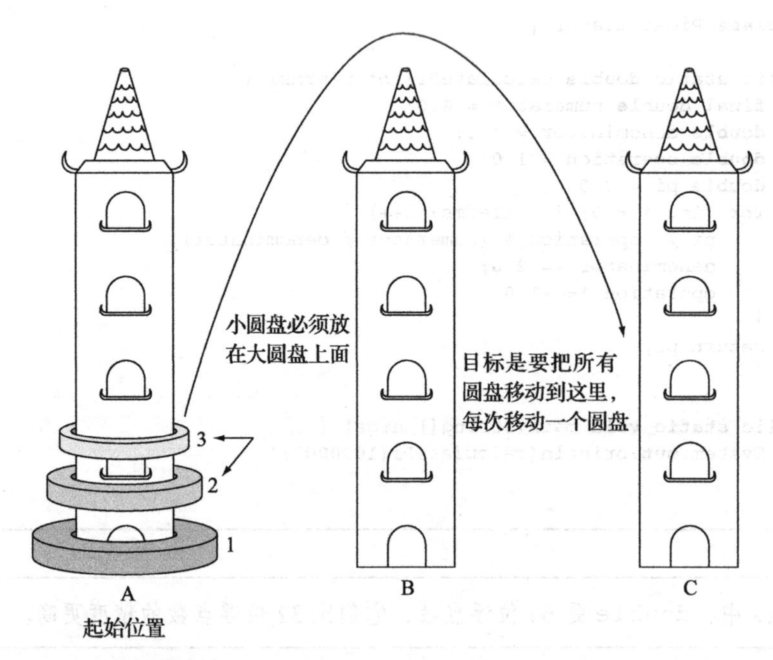
小圆盘必须放
在大圆盘上面
目标是要把所有
圆盘移动到这里，
每次移动一个圆盘
3
2
1
A
起始位置
B
C

图 1.7 本次挑战是把三个圆盘从 A 塔移动到 C 塔，每次移动一个圆盘，不允许把大圆盘放在小圆盘之上

1.5.1　对塔进行建模

栈是一种以后进先出（Last-In-First-Out，LIFO）概念为模型的数据结构，最后入栈的数据会最先出栈。试想一下老师在给一叠论文评分。放在顶部的论文是教师取出并进行评分的第一篇论文。栈的两个基本操作是压入（push）和弹出（pop）。压入是将新数据项放入栈中的操作，而弹出则是移除并返回最后一次放入的数据项的操作。Java 标准库包括一个内置类 Stack，它包含 push() 和 pop() 方法。

栈是汉诺塔的完美体现。要把圆盘放到塔上，可以执行压入操作。要将圆盘从一个塔移动到另一个塔，可以先从第一个塔中弹出圆盘再将圆盘压入第二个塔上。

下面将塔定义为 Stack 并把圆盘放到第一个塔上。

代码清单 1.20　Hanoi.java

```
package chapter1;

import java.util.Stack;

public class Hanoi {
    private final int numDiscs;
    public final Stack<Integer> towerA = new Stack<>();
    public final Stack<Integer> towerB = new Stack<>();
    public final Stack<Integer> towerC = new Stack<>();

    public Hanoi(int discs) {
        numDiscs = discs;
        for (int i = 1; i <= discs; i++) {
            towerA.push(i);
        }
    }
```

1.5.2　求解汉诺塔问题

如何求解汉诺塔问题呢？可以先考虑只需移动一个圆盘的情况。大家都知道该怎么做吧？实际上，移动一个圆盘是汉诺塔递归解决方案的基线条件。需要递归完成的是移动多个圆盘的情况。因此，有两种情况需要编写代码：移动一个圆盘（基线条件）和移动多个圆盘（递归情况）。

我们通过一个具体的例子来理解递归的情况。假设 A 塔上有三个圆盘（位于顶部、中间和底部），最终要把这三个圆盘都移动到 C 塔上。实际遍历一遍全过程有助于把问题讲清楚。首先可以将顶部圆盘移动到 C 塔，再将中间的圆盘移动到 B 塔，然后将顶部的圆盘从 C 塔移动到 B 塔。现在底部圆盘仍然在 A 塔上，而上面的两个圆盘在 B 塔上。现在已大致将两个圆盘从一个塔（A）移动到了另一个塔（B）。将底部圆盘从 A 塔移动到 C 塔其实就是基线条件（移动单个圆盘）。现在，可以按照从 A 塔到 B 塔的相同步骤将上面的两个圆盘从 B 塔移到 C 塔。将顶部圆盘移到 A 塔，中间圆盘移到 C 塔，最后将顶部圆盘从

A塔移到C塔。

> 提示 在计算机科学课堂上，经常会看到使用木质立柱和塑料圆圈制作的小模型塔。你也可以使用三支铅笔和三张纸来自己制作模型。这或许有助于想象解决问题的方案。

三个圆盘的示例包含一种简单的移动单个圆盘的基线条件和移动其他所有圆盘（在本例中为两个）的递归情况，并且使用第三个塔作为暂存塔。我们可以将递归情况分解为三个步骤：

1. 将上面的 n–1 个圆盘从A塔移到B塔（暂存塔），使用C塔作为中转塔。
2. 将最底层的圆盘从A塔移到C塔。
3. 将 n–1 个圆盘从B塔移到C塔，使用A塔作为中转塔。

令人惊讶的是，这种递归算法不仅适用于三个圆盘，而且适用于任意数量的圆盘。将其编码为move()方法，让它负责将圆盘从一个塔移到另一个塔（给定第三个暂存塔）。

代码清单 1.21 Hanoi.java 续

```
    private void move(Stack<Integer> begin, Stack<Integer> end, Stack<Integer>
         temp, int n) {
        if (n == 1) {
            end.push(begin.pop());
        } else {
            move(begin, temp, end, n - 1);
            move(begin, end, temp, 1);
            move(temp, end, begin, n - 1);
        }
    }
```

最后，辅助方法solve()将对要从A塔移到C塔的所有圆盘调用move()。调用solve()后，应该检查A、B和C塔以验证圆盘是否移动成功。

代码清单 1.22 Hanoi.java 续

```
    public void solve() {
        move(towerA, towerC, towerB, numDiscs);
    }

    public static void main(String[] args) {
        Hanoi hanoi = new Hanoi(3);
        hanoi.solve();
        System.out.println(hanoi.towerA);
        System.out.println(hanoi.towerB);
        System.out.println(hanoi.towerC);
    }
}
```

我们会发现圆盘移动成功了。在编写汉诺塔解决方案时，我们不必了解将多个圆盘从 A 塔移到 C 塔所需的每一步。在了解了移动任意数量圆盘的通用递归算法并完成编码后，剩下的工作就交给计算机去完成吧。这就是构思递归解法的威力：可以用抽象的方式思考解决方案，而无须在脑海中考虑每一个单独的步骤。

顺便提一下，随着圆盘数量的增加，`move()` 方法的执行次数会呈指数级增长，因此无法解决 64 个圆盘的情况。向 `Hanoi` 的构造函数传递不同的参数，就可以尝试不同圆盘数量的情况。随着圆盘数量的增加，所需的步数呈指数级增长，这正是汉诺塔的传奇之处。关于汉诺塔传说更详细的信息可以从很多渠道进行了解，你也可以阅读更多关于递归解法背后的数学知识，参见 Carl Burch 在“ About the Towers of Hanoi”中的解释（http://mng.bz/c1i2）。

1.6　实际应用

本章介绍的各种技术（递归、记忆化、压缩和位级操作）在现代软件开发中已经非常普及，以至于我们无法想象没有它们的世界会是什么样子。虽然没有它们也可以解决问题，但用这些技术解决问题通常逻辑性更强，效率也更高。

尤其是递归，它不仅是许多算法的核心，还是整个编程语言的核心。在一些函数式编程语言（如 Scheme 和 Haskell）中，递归取代了命令式语言中使用的循环。不过，使用递归技术可以实现的任何事情也可以通过迭代技术实现，这一点值得牢记。

记忆化已经成功应用于解析器（解释语言的程序）的加速工作。它适用于所有可能再次请求最近计算结果的问题。记忆化的另一个应用是在程序语言运行时（runtime）。某些程序语言的运行时（例如 Prolog 的多个版本）会把函数调用结果自动保存下来（自动记忆），这样在下一次进行相同的调用时就不需要执行该函数了。

压缩技术使得饱受带宽限制的互联网世界变得更加流畅。对于现实世界中取值范围有限的简单数据类型，多一个字节都是浪费，于是 1.2 节中介绍的位串技术就十分有用了。然而，大多数压缩算法都是通过在数据集中寻找模式或结构来消除重复信息的。它们比 1.2 节中所涉及的内容要复杂得多。

一次性密码本对于普通的加密而言是不大实用的。它要求加密器和解密器都拥有要重建的原始数据的其中一个密钥（示例中为假数据），这很麻烦并且违背了大多数加密方案的目标（保持密钥的秘密性）。有趣的是，“一次性密码本”这一名称来源于间谍在冷战期间使用带有假数据的真实密码纸来创建加密通信的事件。

以上这些技术是编程的基本构件，是其他算法的基础。在后续的章节中，它们会被广泛应用。

1.7 习题

1. 使用自己设计的技术编写另一个函数来求解斐波那契数列的元素 n。编写单元测试来评估其相对于本章已有版本的正确性和性能差异。
2. BitSet 类在 Java 标准库中有一个缺陷：虽然它记录了总共有多少位被设置为 true，但它没有记录总共有多少位被设置了，包括那些被设置为 false 的位（这就是为什么我们需要 length 实例变量）。编写一个人机友好的 BitSet 子类，使它能准确地记录设置 true 或 false 的位数。使用子类重新实现 CompressedGene。
3. 编写代码求解塔数任意的汉诺塔问题。
4. 使用一次性密码本方案加密和解密图像。

第 2 章 Chapter 2

搜索问题

“搜索”是一个相当宽泛的术语，以至于整本书都可以被称为Java中的经典搜索问题。本章介绍了每个程序员都应该了解的核心搜索算法。即使使用了这样宽泛的标题，本章也并没有覆盖全部的搜索算法内容。

2.1 DNA搜索

在计算机软件中，基因通常用由字母A、C、G和T组成的序列来表示。每个字母代表一个核苷酸（nucleotide），三个核苷酸的组合被称为密码子（codon），如图2.1所示。密码子对特定的氨基酸进行编码，这些氨基酸一起构成了蛋白质（protein）。生物信息学软件中的一个经典任务是在基因中找到特定的密码子。

2.1.1 存储DNA

我们可以用含有四个常量的enum来定义核苷酸类Nucleotide。

代码清单 2.1 Gene.java

```
package chapter2;

import java.util.ArrayList;
import java.util.Collections;
import java.util.Comparator;

public class Gene {

    public enum Nucleotide {
```

```
        A, C, G, T
    }
```

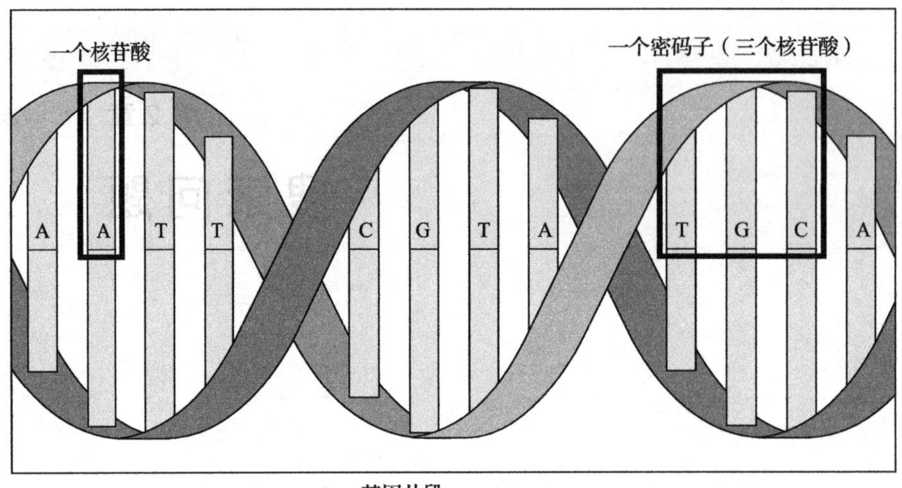

图 2.1 核苷酸可以用 A、C、G 和 T 表示，密码子由三个核苷酸组成，多个密码子组成了基因

密码子可以被定义成由三个 `Nucleotide` 类型的属性所构成的类，`Codon`。可以通过 `Codon` 类的构造函数将三个 `String` 类型的字母传入其中。为了实现搜索方法，我们需要能将两个密码子进行比较。Java 提供了一个 `Comparable` 接口来实现比较的功能。

实现 `Comparable` 接口需要重写 `compareTo()` 方法。如果问题中的项小于其比较的项，则 `compareTo()` 应当返回负数；如果两项相等，则返回零；如果该项大于其比较的项，则返回正数。在实践中，我们通常不会手工实现这样的功能，而是使用 Java 内建的标准库中的 `Comparator` 接口，如以下示例所示。在该示例中，`Codon` 之间会先比较第一个 `Nucleotide`，如果相等则比较第二个，如果第二个也相等则比较第三个。它们通过使用 `thenComparing()` 来进行链式调用。

代码清单 2.2 Gene.java 续

```java
    public static class Codon implements Comparable<Codon> {
        public final Nucleotide first, second, third;
        private final Comparator<Codon> comparator =
    Comparator.comparing((Codon c) -> c.first)
                .thenComparing((Codon c) -> c.second)
                .thenComparing((Codon c) -> c.third);

        public Codon(String codonStr) {
            first = Nucleotide.valueOf(codonStr.substring(0, 1));
            second = Nucleotide.valueOf(codonStr.substring(1, 2));
            third = Nucleotide.valueOf(codonStr.substring(2, 3));
        }
```

```
    @Override
    public int compareTo(Codon other) {
        // first is compared first, then second, etc.
        // IOW first takes precedence over second
        // and second over third
        return comparator.compare(this, other);
    }
}
```

注意 Codon是Static类。被声明为static的内部类在实例化的时候不需要考虑其外部类（你不需要为了创建一个static的内部类的实例而事先对外部类进行实例化），但这种内部类不能引用其外部类的实例变量。这对于定义内部类是出于代码组织结构的目的而非代码逻辑的目的来说是有意义的。

通常，互联网上所采用的存储基因的格式是一个列举出该基因序列中所有核苷酸的巨型字符串。代码清单2.3给出了一个基因字符串的示例。

代码清单2.3 基因字符串示例

```
String geneStr = "ACGTGGCTCTCTAACGTACGTACGTACGGGGTTTATATATACCCTAGGACTCCCTTT";
```

Gene类的唯一状态就是持有一个Codon类的ArrayList。我们还需要一个构造函数来将基因字符串转换成Gene类实例（将String转换成Codon的ArrayList）。

代码清单2.4 Gene.java续

```
private ArrayList<Codon> codons = new ArrayList<>();

public Gene(String geneStr) {
    for (int i = 0; i < geneStr.length() - 3; i += 3) {
        // Take every 3 characters in the String and form a Codon
        codons.add(new Codon(geneStr.substring(i, i + 3)));
    }
}
```

这个构造函数会遍历传入的字符串，每次使用三个字符实例化一个Codon类并将其添加到codons数组列表的末端。而Codon类的构造函数知道该如何将三个字母组成的String转换成Codon实例。

2.1.2 线性搜索

对于一个基因，我们想要执行的一个基本操作就是搜索其中的特定密码子。科学家可能想通过这种操作来检查基因中是否编码了特定的氨基酸。其目的是找出基因中是否存在相关的密码子。

线性搜索按照原始数据结构的元素顺序来遍历搜索空间中的每个元素，直到找到要搜索的内容或达到数据结构的末尾。实际上，线性搜索是最简单、自然、明显的搜索方式。在最坏的情况下，线性搜索需要遍历数据结构中的每个元素，因此它的复杂度为 $O(n)$，其中 n 是数据结构中的元素数，如图 2.2 所示。

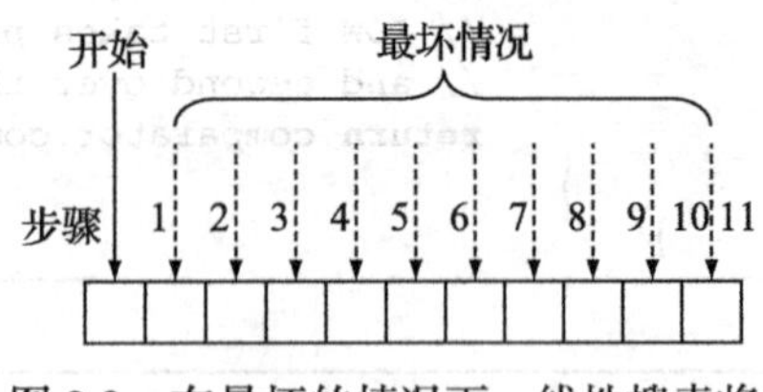

图 2.2　在最坏的情况下，线性搜索将依次查找数组中的每个元素

定义一个线性搜索函数非常简单。该函数只需要遍历数据结构中的每个元素，并检查其是否与正在查找的项等价。你可以在 main() 中使用以下代码进行测试。

代码清单 2.5　Gene.java 续

```
    public boolean linearContains(Codon key) {
        for (Codon codon : codons) {
            if (codon.compareTo(key) == 0) {
                return true; // found a match
            }
        }
        return false;
    }

    public static void main(String[] args) {
        String geneStr =
     "ACGTGGCTCTCTAACGTACGTACGTACGGGGTTTATATATACCCTAGGACTCCCTTT";
        Gene myGene = new Gene(geneStr);
        Codon acg = new Codon("ACG");
        Codon gat = new Codon("GAT");
        System.out.println(myGene.linearContains(acg)); // true
        System.out.println(myGene.linearContains(gat)); // false
    }

}
```

注意　该函数仅用于展示。Java 标准库中所有类都实现了含有 contains() 方法的 Collection 接口（例如 ArrayList 和 LinkedList），而该方法可能比我们编写的任何方法都优化得更好。

2.1.3　二分搜索

有一种比需要遍历每个元素更快的搜索方法，但是这种方法需要我们提前了解数据结构的元素顺序。如果数据结构是有序的，而且可以通过索引直接访问任意元素，那我们就可以使用二分搜索。

二分搜索的工作原理是，找到已排好序的所有元素中的中间元素，将其与想要查找的元素进行比较，根据比较的结果将搜索范围缩小一半，然后再重新开始这一过程。我们来看一个具体的例子。

假设有一个按字母顺序排序的单词列表 `["cat","dog","kangaroo","llama","rabbit","rat","zebra"]`，我们需要在里面查找“rat”一词：

1. 我们可以确定这七个单词组成的列表中，中间元素是“llama”。
2. 我们可以确定“rat”按字母顺序会排在“llama”之后，所以它必定位于“llama”之后的这（大约）一半列表内。（如果在此步骤中找到了“rat”，则可以返回它的位置；如果发现它排在我们所检查的中间词之前，则可以确信它位于“llama”之前的这一半列表中。）
3. 我们可以对存在“rat”的这一半列表重新执行第1步和第2步，此时这一半列表会成为新的基准列表。反复执行这些步骤，直到找到“rat”或者查找的列表内没有要搜索的元素（此时说明单词列表中不存在“rat”一词）。

图2.3展示了一个二分搜索。请注意，它与线性搜索不同，不需要遍历每一个元素。

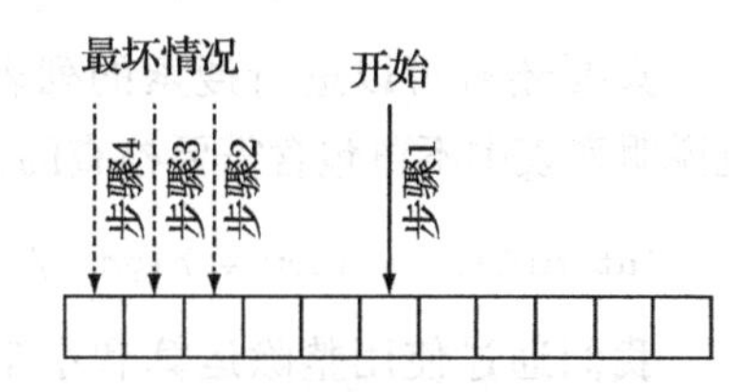

图2.3　在最坏的情况下，二分搜索只需搜索列表中的 $\lg(n)$ 个元素

二分搜索的搜索范围每次都会减小一半，所以在最坏情况下它的运行时间为 $O(\lg n)$。但是它存在着一个排序的问题。与线性搜索不同，二分搜索只能在排好序的数据结构上使用，而排序是需要花费时间的。实际上，即使最好的排序算法也需要花费 $O(n\lg n)$ 的时间才能完成。如果我们打算只搜索一次，并且原始数据结构未经排序，那么使用线性搜索可能是比较合理的。但是如果要搜索多次的话，那么花费时间来进行排序是值得的，因为每次搜索都可以节省大量时间。

为基因和密码子编写的二分搜索函数，与为其他类型数据所编写的搜索函数没有区别，因为同为 `Codon` 类型的数据之间可以进行比较，而 `Gene` 类型只含有一个 `Codon` 类型的 `ArrayList`。请注意，在接下来的示例中，我们一开始就对密码子进行了排序，就像前面所讲的那样，这个排序操作抵消了二分搜索给我们带来的全部好处。然而出于演示的目的，排序又是必要的，因为在运行这个示例的时候，我们无法知道 `codons` 类型的 `ArrayList` 是不是有序的。

代码清单 2.6　Gene.java 续

```
public boolean binaryContains(Codon key) {
    // binary search only works on sorted collections
    ArrayList<Codon> sortedCodons = new ArrayList<>(codons);
    Collections.sort(sortedCodons);
    int low = 0;
    int high = sortedCodons.size() - 1;
    while (low <= high) { // while there is still a search space
```

```
            int middle = (low + high) / 2;
            int comparison = codons.get(middle).compareTo(key);
            if (comparison < 0) { // middle codon is less than key
                low = middle + 1;
            } else if (comparison > 0) { // middle codon is > key
                high = middle - 1;
            } else { // middle codon is equal to key
                return true;
            }
        }
        return false;
    }
```

让我们逐行过一遍这个函数。

```
int low = 0;
int high = sortedCodons.size() - 1;
```

首先看下整个列表的搜索范围。

```
while (low <= high) {
```

只要还有可以进行搜索的列表范围，搜索就会持续进行下去。当 low 大于 high 时，就说明列表中不再包含需要检查的元素了。

```
int middle = (low + high) / 2;
```

我们通过使用整除运算和小学时学过的平均值运算公式来计算列表范围中点的位置，即 middle。

```
int comparison = codons.get(middle).compareTo(key);
if (comparison < 0) { // middle codon is less than key
    low = middle + 1;
```

如果我们要查找的元素大于当前搜索范围中点位置的元素，就需要在下次循环迭代的时候修改搜索范围，可以通过将 low 移动到当前中点位置后面的那个位置。下面的代码展示了如何在下次迭代时将搜索范围减半。

```
} else if (comparison > 0) { // middle codon is greater than key
    high = middle - 1;
```

类似地，如果要查找的元素小于中点位置元素，则需要在与之前相反的方向上将搜索范围减半。

```
} else { // middle codon is equal to key
    return true;
}
```

如果要查找的元素刚好与中点位置元素相等，那就说明它是我们要找的元素！当然，如果循环迭代结束并且没有找到的话，则会返回 false，这里就不重现代码了。

我们可以尝试使用同一份基因数据和密码子来运行二分搜索方法。通过修改 main()

方法来进行测试。

代码清单 2.7 Gene.java 续

```
    public static void main(String[] args) {
        String geneStr = "ACGTGGCTCTCTAACGTACGTACGTACGGGGTTTATATATACCCTAGGACTCCCTTT";
        Gene myGene = new Gene(geneStr);
        Codon acg = new Codon("ACG");
        Codon gat = new Codon("GAT");
        System.out.println(myGene.linearContains(acg)); // true
        System.out.println(myGene.linearContains(gat)); // false
        System.out.println(myGene.binaryContains(acg)); // true
        System.out.println(myGene.binaryContains(gat)); // false
    }
```

提示 与线性搜索一样，你不需要自己来实现二分搜索，Java 标准库中已经提供了这种搜索的实现方法。Collections.binarySearch() 可以用来搜索任意已经排好序的 Collection，例如，有序的 ArrayList。

2.1.4 通用示例

方法 linearContains() 和 binaryContains() 可以广泛应用于 Java 中几乎所有的 List。以下通用代码与之前演示的代码几乎完全相同，只不过命名和类型有一些改变。

注意 下面的代码清单中导入了很多类型。我们在本章后续很多通用搜索算法中都将复用 GenericSearch.java 文件。

注意 T extends Comparable<T> 中的 extends 关键字规定，T 必须是一个实现了 Comparable 接口的类型。

代码清单 2.8 GenericSearch.java

```
package chapter2;

import java.util.ArrayList;
import java.util.HashMap;
import java.util.HashSet;
import java.util.LinkedList;
import java.util.List;
import java.util.Map;
import java.util.PriorityQueue;
import java.util.Queue;
import java.util.Set;
import java.util.Stack;
```

```
import java.util.function.Function;
import java.util.function.Predicate;
import java.util.function.ToDoubleFunction;

public class GenericSearch {

    public static <T extends Comparable<T>> boolean linearContains(List<T>
     list, T key) {
        for (T item : list) {
            if (item.compareTo(key) == 0) {
                return true; // found a match
            }
        }
        return false;
    }

    // assumes *list* is already sorted
    public static <T extends Comparable<T>> boolean binaryContains(List<T>
     list, T key) {
        int low = 0;
        int high = list.size() - 1;
        while (low <= high) { // while there is still a search space
            int middle = (low + high) / 2;
            int comparison = list.get(middle).compareTo(key);
            if (comparison < 0) { // middle codon is < key
                low = middle + 1;
            } else if (comparison > 0) { // middle codon is > key
                high = middle - 1;
            } else { // middle codon is equal to key
                return true;
            }
        }
        return false;
    }

    public static void main(String[] args) {
        System.out.println(linearContains(List.of(1, 5, 15, 15, 15, 15, 20),
     5)); // true
        System.out.println(binaryContains(List.of("a", "d", "e", "f", "z"),
     "f")); // true
        System.out.println(binaryContains(List.of("john", "mark", "ronald",
     "sarah"), "sheila")); // false
    }

}
```

现在，你可以尝试搜索其他类型的数据了。这些方法可以运行于任意已经实现了Comparable接口的List。这就是编写通用代码的威力。

2.2 迷宫求解

寻找穿越迷宫的路径与很多计算机科学中的常见搜索问题类似。既然如此，那就让我们通过寻找迷宫通关路径的方式来直观地展示广度优先搜索、深度优先搜索和A*算法吧。

我们的迷宫是由一些Cell组成的二维网格。Cell是一个能够将自身转换成String的enum类型。例如：" "表示空白单元格，"X"表示路障单元格。还有一些在打印迷宫时供演示用的其他单元格。

代码清单2.9 Maze.java

```
package chapter2;

import java.util.ArrayList;
import java.util.Arrays;
import java.util.List;

import chapter2.GenericSearch.Node;

public class Maze {

    public enum Cell {
        EMPTY(" "),
        BLOCKED("X"),
        START("S"),
        GOAL("G"),
        PATH("*");

        private final String code;

        private Cell(String c) {
            code = c;
        }

        @Override
        public String toString() {
            return code;
        }
    }
```

这里再次导入了很多类型。请注意，最后一个import语句（导入了GenericSearch）引入了一个我们还没有用到的类。引入它是为了方便之后使用，不过在用到之前可以先把它注释掉。

还需要一种表示迷宫中各个位置的方法。只需要使用MazeLocation类即可，其属性表示当前位置对应的行和列。但是，该类还需要一种能够让同类型实例之间进行比较的方法。在Java中，必须正确使用集合框架中的几个类，如HashSet和HashMap。由于这些集合类要求其中的元素唯一，所以它们通过使用equals()和hashCode()方法来避免插入重复的元素。

幸运的是，IDE可以帮我们完成这种烦琐的工作。在下面这个代码清单中，构造函数之后的两个方法就是由Eclipse自动生成的。它们可以确保具有相同行和列的MazeLocation实例被视为等价的。在Eclipse中，你可以通过单击鼠标右键，然后选择

“Source”→“Generate hashCode()”或“equals()”来创建这些方法。你需要在对话框中指定哪些实例变量需要进行比较。

代码清单 2.10 Maze.java 续

```
    public static class MazeLocation {
        public final int row;
        public final int column;

        public MazeLocation(int row, int column) {
            this.row = row;
            this.column = column;
        }

        // auto-generated by Eclipse
        @Override
        public int hashCode() {
            final int prime = 31;
            int result = 1;
            result = prime * result + column;
            result = prime * result + row;
            return result;
        }

        // auto-generated by Eclipse
        @Override
        public boolean equals(Object obj) {
            if (this == obj) {
                return true;
            }
            if (obj == null) {
                return false;
            }
            if (getClass() != obj.getClass()) {
                return false;
            }
            MazeLocation other = (MazeLocation) obj;
            if (column != other.column) {
                return false;
            }
            if (row != other.row) {
                return false;
            }
            return true;
        }
    }
```

2.2.1 生成随机迷宫

Maze 类将在内部保存一个表示其状态的网格（二维数组）。除此之外，还有用于记录行号、列号、起始位置和终点位置的实例变量。路障单元格会随机填入这个网格中。

生成的迷宫路障应当稀疏一些，以使必定存在一条从给定起始位置到给定终点位置的路径（毕竟这里只是为了测试算法）。实际的稀疏度将由迷宫的调用者决定，但我们会提供一个值为20%的默认稀疏度。当生成的随机数小于给定的 sparseness 参数时，我们就把当前的单元格设置为路障。如果对迷宫里每个单元格都执行这样的操作，那么从统计学上说，整个迷宫的稀疏度将近似于给定的 sparseness 参数。

代码清单 2.11 Maze.java 续

```
    private final int rows, columns;
    private final MazeLocation start, goal;
    private Cell[][] grid;

    public Maze(int rows, int columns, MazeLocation start, MazeLocation goal,
         double sparseness) {
        // initialize basic instance variables
        this.rows = rows;
        this.columns = columns;
        this.start = start;
        this.goal = goal;
        // fill the grid with empty cells
        grid = new Cell[rows][columns];
        for (Cell[] row : grid) {
            Arrays.fill(row, Cell.EMPTY);
        }
        // populate the grid with blocked cells
        randomlyFill(sparseness);
        // fill the start and goal locations
        grid[start.row][start.column] = Cell.START;
        grid[goal.row][goal.column] = Cell.GOAL;
    }

    public Maze() {
        this(10, 10, new MazeLocation(0, 0), new MazeLocation(9, 9), 0.2);
    }

    private void randomlyFill(double sparseness) {
        for (int row = 0; row < rows; row++) {
            for (int column = 0; column < columns; column++) {
                if (Math.random() < sparseness) {
                    grid[row][column] = Cell.BLOCKED;
                }
            }
        }
    }
```

现在我们有了一个迷宫，还需要一种把它简洁地打印到控制台的方法。输出的字符应当靠近一些，以便打印出来的内容能让人一看就觉得是个迷宫。

代码清单 2.12 Maze.java 续

```
    // return a nicely formatted version of the maze for printing
    @Override
    public String toString() {
        StringBuilder sb = new StringBuilder();
        for (Cell[] row : grid) {
```

```
            for (Cell cell : row) {
                sb.append(cell.toString());
            }
            sb.append(System.lineSeparator());
        }
        return sb.toString();
    }
```

然后在main()中测试一下迷宫的这些方法。

代码清单 2.13 Maze.java 续

```
    public static void main(String[] args) {
        Maze m = new Maze();
        System.out.println(m);
    }

}
```

2.2.2 迷宫的其他方法

如果有一个方法能够在搜索过程中检查我们是否已经抵达目的地，将会便利很多。也就是说，我们希望检查当前搜索到的MazeLocation是不是目的地。于是可以给Maze类添加一个方法。

代码清单 2.14 Maze.java 续

```
    public boolean goalTest(MazeLocation ml) {
        return goal.equals(ml);
    }
```

怎么才能在迷宫内移动呢？假设我们一次可以从给定的迷宫单元格开始向水平或垂直方向移动一格。按照这个规则，可以用successors()方法寻找给定MazeLocation的下一个可到达的位置。但是，每个Maze的大小和路障数量都不尽相同，所以每个Maze的successors()方法也会有所不同。因此，我们在Maze类中定义该方法。

代码清单 2.15 Maze.java 续

```
    public List<MazeLocation> successors(MazeLocation ml) {
        List<MazeLocation> locations = new ArrayList<>();
        if (ml.row + 1 < rows && grid[ml.row + 1][ml.column] != Cell.BLOCKED) {
            locations.add(new MazeLocation(ml.row + 1, ml.column));
        }
        if (ml.row - 1 >= 0 && grid[ml.row - 1][ml.column] != Cell.BLOCKED) {
            locations.add(new MazeLocation(ml.row - 1, ml.column));
        }
        if (ml.column + 1 < columns && grid[ml.row][ml.column + 1] != Cell.BLOCKED) {
            locations.add(new MazeLocation(ml.row, ml.column + 1));
        }
        if (ml.column - 1 >= 0 && grid[ml.row][ml.column - 1] != Cell.BLOCKED) {
            locations.add(new MazeLocation(ml.row, ml.column - 1));
```

```java
        }
        return locations;
    }
```

successors() 会检查 Maze 中 MazeLocation 上、下、左、右四个方向上是否存在可以行进的单元格，并且不会越出 Maze 的边界。所有可以行进的 MazeLocation 都会被找出来并放入一个列表中返回给调用者。我们的搜索算法中会用到之前的两个方法。

2.2.3 深度优先搜索

深度优先搜索（Depth-First Search，DFS）顾名思义就是尽可能地往路径深处进行搜索，如果遇到了死胡同，则回溯到最后一次做出决策的那个位置。接下来，我们将实现一个通用的深度优先搜索，用它来解决迷宫问题。它也可以解决一些其他问题。图 2.4 演示了迷宫中正在进行的深度优先搜索。

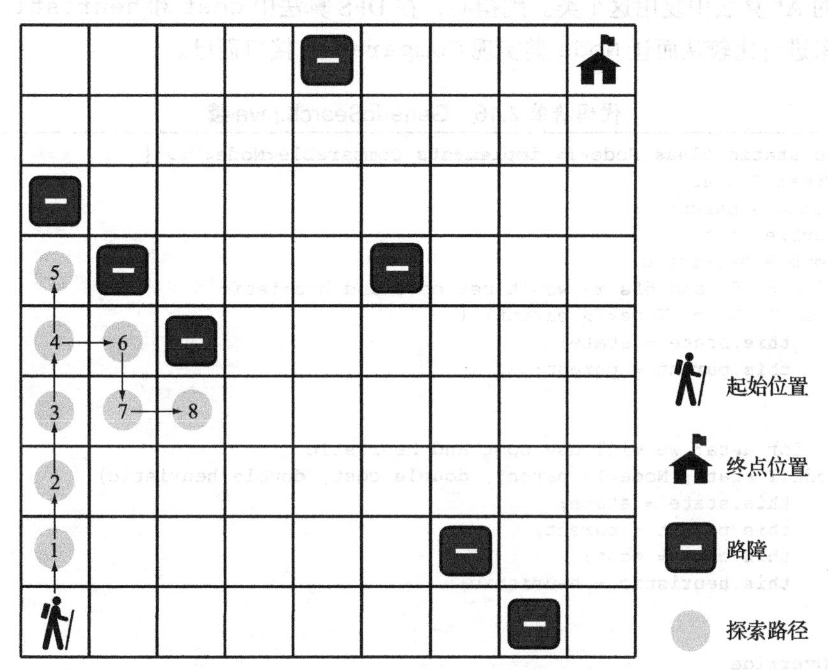

图 2.4 在深度优先搜索中，搜索会沿着一条不断深入的路径前进，直到它遇到死胡同，并且必须回溯到最后一次进行决策的那个位置

栈（stack）

深度优先搜索算法依赖于一种被称为栈的数据结构。（我们第一次看到栈是在第 1 章。）栈是一种遵循后进先出（LIFO）原则的数据结构。不妨将其想象成一堆摞起来的纸，放在最上面的那张纸也会被最先拿走使用。栈通常会基于更为简单的数据（如链表）结构来实现。使用时，在链表的同一端添加和删除数据。想要自己实现一个栈并不难，不过 Java 标准库

里已经为我们提供了一个 Stack 类，使用起来非常方便。

栈通常必须包含以下两种操作：

- push()——向栈顶添加一个数据。
- pop()——将栈顶数据从栈中移除并返回该数据。

也就是说，栈是一种元结构，它强制规定了列表的删除顺序：最后一个放入栈中的数据项必须被第一个从栈中移除。

DFS 算法

在实现 DFS 算法之前，还需要添加一些额外的组件。我们需要使用一个 Node 类来记录进行搜索时的状态变化，也就是位置变化。Node 类可以看作对状态的一种封装。在求解迷宫问题的例子中，这些状态都是 MazeLocation 类型的。我们将 Node 称作来自其 parent 的状态。Node 类中还定义了 cost 和 heuristic 两个属性，这样我们就可以在之后介绍的 A* 算法中复用这个类。别担心，在 DFS 算法中 cost 和 heuristic 这两个属性只是用来进行比较从而让 Node 类实现 Comparable 接口而已。

代码清单 2.16 GenericSearch.java 续

```
public static class Node<T> implements Comparable<Node<T>> {
    final T state;
    Node<T> parent;
    double cost;
    double heuristic;
    // for dfs and bfs we won't use cost and heuristic
    Node(T state, Node<T> parent) {
        this.state = state;
        this.parent = parent;
    }

    // for astar we will use cost and heuristic
    Node(T state, Node<T> parent, double cost, double heuristic) {
        this.state = state;
        this.parent = parent;
        this.cost = cost;
        this.heuristic = heuristic;
    }

    @Override
    public int compareTo(Node<T> other) {
        Double mine = cost + heuristic;
        Double theirs = other.cost + other.heuristic;
        return mine.compareTo(theirs);
    }
}
```

> 提示 这里的 compareTo() 是通过调用其他类型的 compareTo() 方法来实现的。这是一种常见的模式。

注意 如果一个 Node 没有 parent，则使用 null 来表示。

深度优先搜索需要使用两种数据结构来记录状态：用栈来记录当前要搜索的状态，也就是位置，命名为 frontier；用集合来记录已经搜索过的状态，命名为 explored。只要 frontier 中还有状态需要访问，DFS 就将持续检查这些状态是不是终点状态，如果是终点状态，则停止搜索并将终点状态返回；如果不是，则将在该状态之后可以继续访问的那些状态 successors 添加到 frontier 中。为了避免原地打转，需要将已经搜索过的状态添加到 explored 中，防止重复访问之前已经访问过的状态。如果 frontier 为空，则意味着已经没有可以搜索的地方了。

代码清单 2.17 GenericSearch.java 续

```
public static <T> Node<T> dfs(T initial, Predicate<T> goalTest,
        Function<T, List<T>> successors) {
    // frontier is where we've yet to go
    Stack<Node<T>> frontier = new Stack<>();
    frontier.push(new Node<>(initial, null));
    // explored is where we've been
    Set<T> explored = new HashSet<>();
    explored.add(initial);

    // keep going while there is more to explore
    while (!frontier.isEmpty()) {
        Node<T> currentNode = frontier.pop();
        T currentState = currentNode.state;
        // if we found the goal, we're done
        if (goalTest.test(currentState)) {
            return currentNode;
        }
        // check where we can go next and haven't explored
        for (T child : successors.apply(currentState)) {
            if (explored.contains(child)) {
                continue; // skip children we already explored
            }
            explored.add(child);
            frontier.push(new Node<>(child, currentNode));
        }
    }
    return null; // went through everything and never found goal
}
```

留意一下 goalTest 和 successors 函数的引用。它们可以在不同的应用中将不同的类型插入 dfs() 函数中。这使得 dfs() 可以应用于更多的场景，而不仅仅是迷宫求解。这也是复用代码解决同类问题的一个示例。goalTest 被声明为 Predicate<T> 函数，它接收任意的类型 T 作为参数并返回一个 boolean 值。在当前例子中，T 是 MazeLocation 类型。successors 被声明为接收一个 T 类型参数并返回一个 List 类型值的函数。

如果dfs()执行成功，将会返回封装了目标状态的Node。从该Node开始，利用parent属性向前遍历，即可重现由起点到目标点的路径。

代码清单 2.18 GenericSearch.java 续

```
public static <T> List<T> nodeToPath(Node<T> node) {
    List<T> path = new ArrayList<>();
    path.add(node.state);
    // work backwards from end to front
    while (node.parent != null) {
        node = node.parent;
        path.add(0, node.state); // add to front
    }
    return path;
}
```

为了便于展示，我们可以将迷宫中的成功路径、起始状态和终点状态标记出来。同时移除路径功能也很有用，这样我们就可以在同一个迷宫中尝试不同的搜索算法。所以，需要将这两个方法添加到Maze.java文件中的Maze类里。

代码清单 2.19 Maze.java 续

```
public void mark(List<MazeLocation> path) {
    for (MazeLocation ml : path) {
        grid[ml.row][ml.column] = Cell.PATH;
    }
    grid[start.row][start.column] = Cell.START;
    grid[goal.row][goal.column] = Cell.GOAL;
}

public void clear(List<MazeLocation> path) {
    for (MazeLocation ml : path) {
        grid[ml.row][ml.column] = Cell.EMPTY;
    }
    grid[start.row][start.column] = Cell.START;
    grid[goal.row][goal.column] = Cell.GOAL;
}
```

到目前为止，本章介绍了非常多的内容，现在我们终于可以求解迷宫了。

代码清单 2.20 Maze.java 续

```
public static void main(String[] args) {
    Maze m = new Maze();
    System.out.println(m);

    Node<MazeLocation> solution1 = GenericSearch.dfs(m.start, m::goalTest,
      m::successors);
    if (solution1 == null) {
        System.out.println("No solution found using depth-first search!");
    } else {
        List<MazeLocation> path1 = GenericSearch.nodeToPath(solution1);
```

```
        m.mark(path1);
        System.out.println(m);
        m.clear(path1);
    }
}
}
```

一个成功的解如下：

```
S****X X
 X  *****
      X*
 XX******X
  X*
  X**X
 X  *****
       *
    X  *X
       *G
```

星号代表了通过深度优先搜索方法找到的从起始位置通往终点位置的路径。S代表起始位置，G代表终点位置。需要注意的是，迷宫都是随机生成的，所以不是每个迷宫都会有解。

2.2.4 广度优先搜索

或许你会注意到，使用深度优先搜索解得的迷宫路径看起来似乎有些别扭，并且通常不是最短路径。而广度优先搜索（Breadth-First Search，BFS）找到的路径总是最短的。它在每次迭代中都会从起始状态开始由近至远地搜索每一层级的所有节点。在某些特定的问题中，深度优先搜索可能比广度优先搜索更快地找到解，反之亦然。因此，需要在快速求解和找到最短路径（如果存在最短路径）之间进行权衡，然后决定最终选择哪种搜索方式。图2.5展示了正在使用广度优先搜索求解迷宫问题。

为什么有时候深度优先搜索会比广度优先搜索先得到解呢？我们可以借用寻找位于洋葱某层上的标记点的例子来进行解释。使用深度优先策略，就好比随意地将刀插进洋葱中心，然后检查切下来的洋葱块。如果位于某层的标记点就在切下来的洋葱块附近，就会比类似费劲地一层层剥洋葱来寻找的广度优先策略更快地找到标记点。

为了更好地理解为什么宽度优先搜索的求解路径总是最短的（如果存在最短路径），可以想象一下寻找从波士顿到纽约火车停靠站数最少的一条路径的情景。如果采用沿着一个方向直行直到无路可走时才回头的方式（就像深度优先搜索一样），你可能会很快找到一条途经西雅图后到达纽约的路径。但是如果使用广度优先搜索，你会先检查所有与波士顿只有一站距离的车站，然后再检查所有距波士顿两站距离的车站，接着再检查所有三站距离的车站，直到找到纽约车站为止。因此，当你找到纽约车站时，一定知道哪条路径是最短的。这是因为你把所有距离波士顿最近的车站都找了一遍。

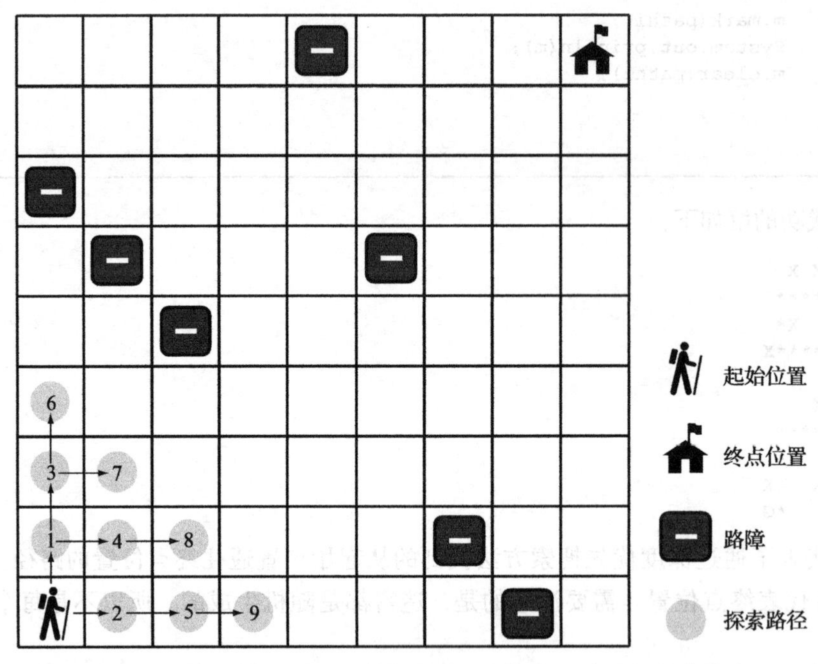

图 2.5　在广度优先搜索中，离起始位置最近的元素会被最先搜索

队列

实现 BFS 需要用到名为队列（queue）的数据结构。栈是 LIFO，而队列是 FIFO（先进先出）。队列就像是排队使用洗手间一样，排在队列最前面的人最先使用洗手间。队列与栈一样，至少需要 `push()` 和 `pop()` 这两个方法。从实现层面来看，栈和队列唯一的区别就在于，队列移除元素时是从与添加元素相反的一端进行的，这样就可以确保停留时间最长的元素总是会被第一个移除。

注意　令人感到困惑的是，Java 标准库只提供了 `Stack` 类而没有提供 `Queue` 类。取而代之的是提供了一个 `Queue` 接口，并且被很多 Java 标准库类所实现，包括 `LinkedList`。更令人困惑的是，在 Java 标准库提供的 `Queue` 接口中，`push()` 被叫作 `offer()`，而 `pop()` 被叫作 `poll()`。

BFS 算法

广度优先搜索算法居然与深度优先搜索算法出奇的一致，只是 `frontier` 从栈变成了队列。这一改变导致对状态的搜索顺序发生了变化，确保了离起始状态最近的状态会被优先搜索。

由于 Java 标准库中的 `Stack` 类和 `Queue` 接口之间的命名方式不同，因此在接下来的实现中，我们还必须分别将之前调用 `push()` 和 `pop()` 的地方改成调用 `offer()` 和 `poll()`。这里需要花费一些时间来回顾代码清单 2.17 中的 `dfs()`，审视一下 `dfs()` 和

bfs() 之间除了修改 frontier 数据结构之外的众多相似之处。

代码清单 2.21 GenericSearch.java 续

```
    public static <T> Node<T> bfs(T initial, Predicate<T> goalTest,
            Function<T, List<T>> successors) {
        // frontier is where we've yet to go
        Queue<Node<T>> frontier = new LinkedList<>();
        frontier.offer(new Node<>(initial, null));
        // explored is where we've been
        Set<T> explored = new HashSet<>();
        explored.add(initial);

        // keep going while there is more to explore
        while (!frontier.isEmpty()) {
            Node<T> currentNode = frontier.poll();
            T currentState = currentNode.state;
            // if we found the goal, we're done
            if (goalTest.test(currentState)) {
                return currentNode;
            }
            // check where we can go next and haven't explored
            for (T child : successors.apply(currentState)) {
                if (explored.contains(child)) {
                    continue; // skip children we already explored
                }
                explored.add(child);
                frontier.offer(new Node<>(child, currentNode));
            }
        }
        return null; // went through everything and never found goal
    }
```

运行一下 bfs()，你就会发现它总是会找到当前迷宫的最短路径。现在就可以在 Maze.java 中的 main() 方法里使用两种不同的方式来求解同一迷宫问题，并且将得到的结果进行比较。

代码清单 2.22 Maze.java 续

```
    public static void main(String[] args) {
        Maze m = new Maze();
        System.out.println(m);

        Node<MazeLocation> solution1 = GenericSearch.dfs(m.start, m::goalTest,
         m::successors);
        if (solution1 == null) {
            System.out.println("No solution found using depth-first search!");
        } else {
            List<MazeLocation> path1 = GenericSearch.nodeToPath(solution1);
            m.mark(path1);
            System.out.println(m);
            m.clear(path1);
        }
```

```
        Node<MazeLocation> solution2 = GenericSearch.bfs(m.start, m::goalTest,
         m::successors);
        if (solution2 == null) {
            System.out.println("No solution found using breadth-first search!");
        } else {
            List<MazeLocation> path2 = GenericSearch.nodeToPath(solution2);
            m.mark(path2);
            System.out.println(m);
            m.clear(path2);
        }
    }
```

保持算法不变，只修改其访问的数据结构就可以得到完全不同的结果，这种现象真是令人惊讶。以下是对之前调用 dfs() 求解的同一迷宫问题，再次调用 bfs() 来进行求解得到的结果。可以看到，这次得到的从起始位置到终点位置的路径比之前得到的路径会更为直接一些。

```
S     X X
*X
*       X
*XX       X
* X
* X   X
*X
*
*     X   X
*********G
```

2.2.5 A* 搜索

广度优先搜索就像是给洋葱层层剥皮一样非常耗时，而 A* 搜索跟广度优先搜索一样，旨在找到从起始状态通往目标状态的最短路径。与之前广度优先搜索算法的实现不同的是，A* 搜索使用了成本函数和启发函数的组合，将搜索聚焦在最有可能快速抵达目标的路径上。

成本函数 $g(n)$ 会检查到达指定状态的成本。在求解迷宫的场景中，成本是指在到达当前状态时，已经走过了多少个单元格。启发函数 $h(n)$ 则给出了从当前状态到达目标状态的成本估算。可以证明，如果 $h(n)$ 是一个*可接受的启发式信息*（admissible heuristic），那么找到的最终路径将是最优解。可接受的启发式信息永远不会高估抵达目标的成本。在二维平面上，直线距离启发式信息就是一个很好的例子，因为直线总是最短路径[⊖]。

到达任一状态所需的总成本为 $f(n)$，它是 $g(n)$ 与 $h(n)$ 之和，即 $f(n) = g(n) + h(n)$。当从 frontier 选取要探索的下一个状态时，A* 搜索会选择 $f(n)$ 最小的那个状态。这也就是它与广度优先搜索和深度优先搜索的不同之处。

⊖ Stuart Russell and Peter Norvig, *Artificial Intelligence: A ModernApproach*, 3rd edition (Pearson, 2010), p. 94.

优先队列

为了能够在 frontier 上选出 $f(n)$ 最小的那个状态，A* 搜索使用优先队列（priority queue）这种数据结构来存储 frontier。优先队列能使其数据元素维持某种内部顺序，使得首先弹出的元素始终是优先级最高的元素。在本例中，优先级最高的数据项是 $f(n)$ 最小的那个。为此，通常会在其内部使用二叉堆，使得入队和出队的算法复杂度均为 $O(\lg n)$。

Java 标准库中有一个 PriorityQueue 类，它与 Queue 接口具有相同的 offer() 和 poll() 方法。放入优先队列的任何内容都必须具有可比性。优先队列中的同类元素之间通过 compareTo() 方法来确定优先级。因此我们需要尽快实现该方法。Node 之间会比较各自的 $f(n)$，也就是 cost 属性与 heuristic 属性的值之和。

启发式信息

启发式信息（heuristic）是解决问题的一种直觉[1]。在求解迷宫问题时，启发式信息的目的是选择最佳的迷宫位置进行下一步的搜索以达到目标。也就是说，这是一种有依据的猜测，猜测 frontier 上的哪些点最接近目标位置。如前所述，如果 A* 搜索采用的启发式信息能够生成相对准确的且可以被接受的（永远不会高估距离）结果，那么 A* 搜索将会得出最短路径。追求更短距离的启发式信息最终会导致搜索更多的状态，而追求接近实际距离（但不会高估以免不可接受）的启发式信息搜索的状态会比较少。因此，理想的启发式信息能够尽可能地接近真实距离而不会过分高估。

欧氏距离

众所周知，几何学中两点之间直线距离最短。因此在求解迷宫问题时，可以采用直线启发式信息。由勾股定理推导出来的欧氏距离（Euclidean distance）为

$$\rho=\sqrt{(x_2-x_1)^2+(y_2-y_1)^2}$$

对于本节的迷宫问题而言，x 的差相当于两个迷宫位置的列数之差，y 的差相当于行数之差。需要注意的是，我们需要回到 Maze.java 中来实现。

代码清单 2.23 Maze.java 续

```
public double euclideanDistance(MazeLocation ml) {
    int xdist = ml.column - goal.column;
    int ydist = ml.row - goal.row;
    return Math.sqrt((xdist * xdist) + (ydist * ydist));
}
```

euclideanDistance() 函数接收一个迷宫位置参数，并返回该位置到目标位置的直线距离。由于目标 goal 是 Maze 类的一个实例属性，而该函数又是 Maze 类中的一个方法，所以该函数可以得到目标位置。图 2.6 展示了网格环境（如曼哈顿的街道）下的欧氏距离。

---

[1] 关于 A* 搜索中的启发式信息的更多信息，参见 Amit Patel 的 *Thoughts on Pathfinding* 中的“Heuristics”章（http://mng.bz/z7O4）。

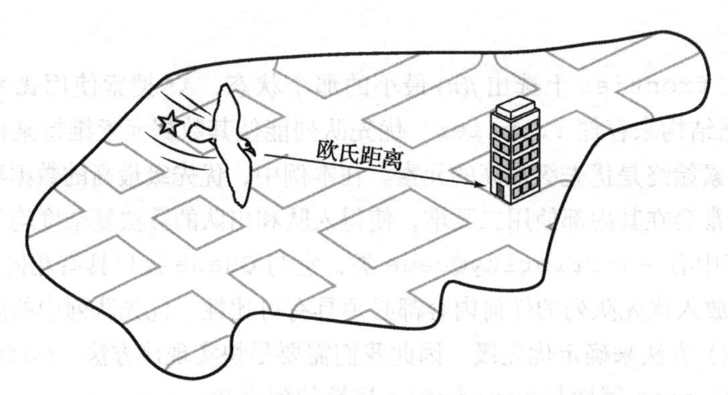

图 2.6　欧氏距离是从起始位置到目标位置的直线距离

曼哈顿距离

欧氏距离的效果已经很不错了，但是对于当前的迷宫求解问题（在迷宫中，我们每次只能往四个方向中的一个方向移动），我们还能找到更好的解决办法。曼哈顿距离源自在纽约市最著名的行政区——曼哈顿——进行的导航活动。街道在曼哈顿区是网格状排布的。由于曼哈顿几乎没有斜向的街道，所以要想在该街区中的任意两点间通勤，就一定会经过一定数量的水平街区和垂直街区。因此，可以通过计算迷宫中两个点之间的行列差之和得到曼哈顿距离。图 2.7 展示了曼哈顿距离。

代码清单 2.24　Maza.java 续

```
public double manhattanDistance(MazeLocation ml) {
    int xdist = Math.abs(ml.column - goal.column);
    int ydist = Math.abs(ml.row - goal.row);
    return (xdist + ydist);
}
```

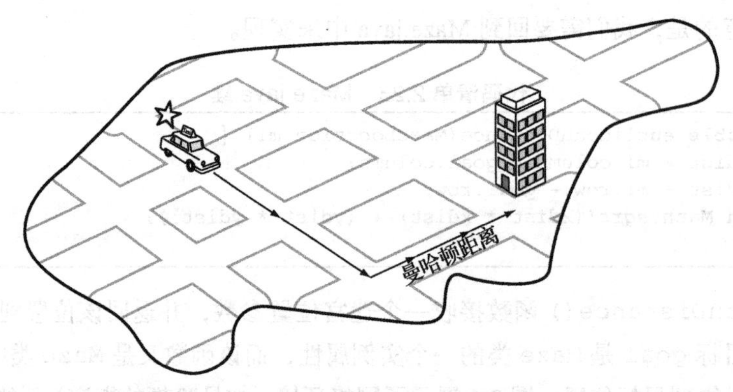

图 2.7　采用曼哈顿距离，路径只能沿着水平或垂直方向，不能沿对角线方向

这种启发方式遵循在迷宫中导航的实际情况，即沿着垂直和水平方向移动，而不是沿着对角线移动。因此，迷宫中任意两点间的曼哈顿距离比欧氏距离更接近真实距离。因此，

对于当前的迷宫求解来说，A* 搜索与曼哈顿距离相结合所需要搜索的状态数比与欧氏距离相结合时的要少。对于这种每次只能向四个方向之一移动的迷宫来说，曼哈顿距离永远不会高估距离，因此得到的解依然是最优的。

A* 算法

为了将代码实现从广度优先搜索改为 A* 搜索，我们需要做一些小改动。第一个改动是将 frontier 从 Queue 改为 PriorityQueue。通过这个改动，frontier 将会弹出 $f(n)$ 值最小的那个节点。第二个改动是将已探索的状态集改为 HashMap。HashMap 可以用来跟踪每一个可能被访问的节点的最低成本 $g(n)$。使用启发函数后，如果启发计算结果不一致，则某些节点可能会被访问两次。如果在新的方向上找到节点的成本比按之前的路径访问的成本要低，则采用新的路径。

为简单起见，没有把成本计算函数作为参数传给 astar() 函数。相反，我们把迷宫中每一次移动的成本简单视作 1。每一个新 Node 都基于这种方式被分配了一个成本值，并且将一个新的函数作为参数传给了搜索函数 heuristic 来计算启发值。除了以上改动之外，astar() 和 bfs() 非常相似。因此将它们放在一起进行比较。

代码清单 2.25　GenericSearch.java 续

```
public static <T> Node<T> astar(T initial, Predicate<T> goalTest,
        Function<T, List<T>> successors, ToDoubleFunction<T> heuristic) {
    // frontier is where we've yet to go
    PriorityQueue<Node<T>> frontier = new PriorityQueue<>();
    frontier.offer(new Node<>(initial, null, 0.0,
     heuristic.applyAsDouble(initial)));
    // explored is where we've been
    Map<T, Double> explored = new HashMap<>();
    explored.put(initial, 0.0);
    // keep going while there is more to explore
    while (!frontier.isEmpty()) {
        Node<T> currentNode = frontier.poll();
        T currentState = currentNode.state;
        // if we found the goal, we're done
        if (goalTest.test(currentState)) {
            return currentNode;
        }
        // check where we can go next and haven't explored
        for (T child : successors.apply(currentState)) {
            // 1 here assumes a grid, need a cost function for more
 sophisticated apps
            double newCost = currentNode.cost + 1;
            if (!explored.containsKey(child) || explored.get(child) > newCost) {
                explored.put(child, newCost);
                frontier.offer(new Node<>(child, currentNode, newCost,
 heuristic.applyAsDouble(child)));
            }
        }
    }
```

```
        return null; // went through everything and never found goal
    }
```

恭喜你，到目前为止，你不仅学会了如何解决迷宫问题，还学会了如何编写一些可以在多种不同搜索应用程序中使用的通用搜索函数。DFS 和 BFS 适用于那些不太关心性能的小型数据集和状态空间。在某些情况下，DFS 的性能会优于 BFS，但 BFS 总是可以得出最佳路径。有趣的是，BFS 与 DFS 的实现代码几乎是一样的，除了使用队列来代替栈。稍微复杂的 A* 搜索可以与高质量、一致的可接受的启发式信息相结合，不仅可以得出最佳路径，而且性能也远远优于 BFS。由于这三个搜索函数都使用了通用的代码实现方式，因此我们可以通过导入的方式将它们应用在任何需要使用搜索操作的地方。

我们在 Maze.java 的测试中使用同一个迷宫来对 astar() 方法进行测试。

代码清单 2.26 Maze.java 续

```java
    public static void main(String[] args) {
        Maze m = new Maze();
        System.out.println(m);

        Node<MazeLocation> solution1 = GenericSearch.dfs(m.start, m::goalTest,
         m::successors);
        if (solution1 == null) {
            System.out.println("No solution found using depth-first search!");
        } else {
            List<MazeLocation> path1 = GenericSearch.nodeToPath(solution1);
            m.mark(path1);
            System.out.println(m);
            m.clear(path1);
        }

        Node<MazeLocation> solution2 = GenericSearch.bfs(m.start, m::goalTest,
         m::successors);
        if (solution2 == null) {
            System.out.println("No solution found using breadth-first search!");
        } else {
            List<MazeLocation> path2 = GenericSearch.nodeToPath(solution2);
            m.mark(path2);
            System.out.println(m);
            m.clear(path2);
        }

        Node<MazeLocation> solution3 = GenericSearch.astar(m.start, m::goalTest,
         m::successors, m::manhattanDistance);
        if (solution3 == null) {
            System.out.println("No solution found using A*!");
        } else {
            List<MazeLocation> path3 = GenericSearch.nodeToPath(solution3);
            m.mark(path3);
            System.out.println(m);
            m.clear(path3);
        }
    }
```

即使 astar() 与 bfs() 一样，都能得到长度相等的最佳路径，但是输出的结果却不相同。如果使用与曼哈顿距离相结合的启发式信息，则 astar() 会立即沿着对角线走向目标。其需要搜索的状态数会少于 bfs()，从而拥有更好的性能。这可以通过为每个状态添加计数器来证明。

```
S**  X X
 X**
   *   X
 XX*     X
  X*
  X**X
 X   ****
       *
     X * X
       **G
```

2.3 传教士和食人族问题

假设在河的西岸有 3 名传教士和 3 名食人族，他们都必须渡过河到达东岸。只有一艘可以容纳 2 人的独木舟可供使用。在河的两岸，食人族的人数都不能比传教士多，否则食人族就会吃掉传教士。此外，为了渡河，独木舟上至少要有 1 个人。如何让所有人成功到达河对岸呢？图 2.8 展示了此问题。

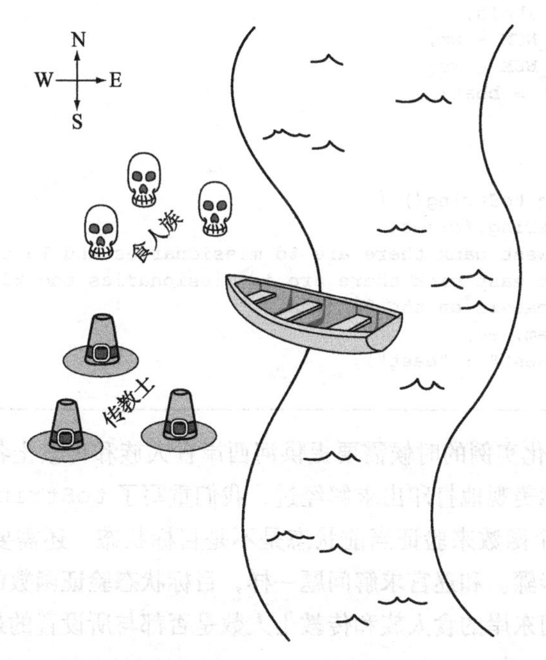

图 2.8 传教士和食人族都必须使用这一艘独木舟到达河对岸。如果食人族人数超过传教士，则食人族就会吃掉传教士

2.3.1 用代码来表达问题

我们可以使用一个记录河西岸情况的数据结构来表达该问题。西岸的情况包括：传教士和食人族的人数各有多少、独木舟是否在这边。因为人不在西岸就在东岸，所以只要知道了西岸的情况，就可以计算出东岸的情况。

首先定义一个常量来记录传教士或食人族的最大人数，接着定义主类。

代码清单 2.27 Missionaries.java

```java
package chapter2;

import java.util.ArrayList;
import java.util.List;
import java.util.function.Predicate;

import chapter2.GenericSearch.Node;

public class MCState {
    private static final int MAX_NUM = 3;
    private final int wm; // west bank missionaries
    private final int wc; // west bank cannibals
    private final int em; // east bank missionaries
    private final int ec; // east bank cannibals
    private final boolean boat; // is boat on west bank?
    public MCState(int missionaries, int cannibals, boolean boat) {
        wm = missionaries;
        wc = cannibals;
        em = MAX_NUM - wm;
        ec = MAX_NUM - wc;
        this.boat = boat;
    }

    @Override
    public String toString() {
        return String.format(
        "On the west bank there are %d missionaries and %d cannibals.%n"
        + "On the east bank there are %d missionaries and %d cannibals.%n"
        + "The boat is on the %s bank.","
        wm, wc, em, ec,
        boat ? "west" : "east");
    }
```

MCState类初始化实例的时候需要提供河西岸食人族和传教士各自的人数，以及独木舟的位置。为了之后能美观地打印出求解经过，我们重写了toString()方法。

我们需要定义一个函数来验证当前状态是不是目标状态。还需要定义一个函数来基于当前状态查找出后续步骤。和迷宫求解问题一样，目标状态验证函数的实现非常简单。它只需要验证当前状态下河东岸的食人族和传教士人数是否都与所设置的最大人数相等。我们将该方法添加到MCState中。

代码清单 2.28 Missionaries.java 续

```
    public boolean goalTest() {
        return isLegal() && em == MAX_NUM && ec == MAX_NUM;
    }
```

在查找后续步骤的函数中，我们需要遍历所有可能的移动步骤，并检查每一步是否满足要求——在河岸的两边食人族的人数都没有超过传教士的人数。为此，我们可以在 MCState 中定义一个 isLegal() 方法来检查当前状态是否合规。

代码清单 2.29 Missionaries.java 续

```
    public boolean isLegal() {
        if (wm < wc && wm > 0) {
            return false;
        }
        if (em < ec && em > 0) {
            return false;
        }
        return true;
    }
```

为了能清楚地表达逻辑，后续步骤查找函数 successors() 在实现上会比较烦琐。它尝试在独木舟所在河岸添加所有可能的 1 或 2 人渡河组合。添加完所有可能的步骤后，通过调用 List 类型临时变量的 removeIf() 方法过滤掉不符合要求的步骤。Java 11 中提供了 Predicate.not() 方法。该函数同样被添加到 MCState 中。

代码清单 2.30 Missionaries.java 续

```
    public static List<MCState> successors(MCState mcs) {
        List<MCState> sucs = new ArrayList<>();
        if (mcs.boat) { // boat on west bank
            if (mcs.wm > 1) {
                sucs.add(new MCState(mcs.wm - 2, mcs.wc, !mcs.boat));
            }
            if (mcs.wm > 0) {
                sucs.add(new MCState(mcs.wm - 1, mcs.wc, !mcs.boat));
            }
            if (mcs.wc > 1) {
                sucs.add(new MCState(mcs.wm, mcs.wc - 2, !mcs.boat));
            }
            if (mcs.wc > 0) {
                sucs.add(new MCState(mcs.wm, mcs.wc - 1, !mcs.boat));
            }
            if (mcs.wc > 0 && mcs.wm > 0) {
                sucs.add(new MCState(mcs.wm - 1, mcs.wc - 1, !mcs.boat));
            }
        } else { // boat on east bank
            if (mcs.em > 1) {
                sucs.add(new MCState(mcs.wm + 2, mcs.wc, !mcs.boat));
            }
            if (mcs.em > 0) {
```

```
                sucs.add(new MCState(mcs.wm + 1, mcs.wc, !mcs.boat));
            }
            if (mcs.ec > 1) {
                sucs.add(new MCState(mcs.wm, mcs.wc + 2, !mcs.boat));
            }
            if (mcs.ec > 0) {
                sucs.add(new MCState(mcs.wm, mcs.wc + 1, !mcs.boat));
            }
            if (mcs.ec > 0 && mcs.em > 0) {
                sucs.add(new MCState(mcs.wm + 1, mcs.wc + 1, !mcs.boat));
            }
        }
        sucs.removeIf(Predicate.not(MCState::isLegal));
        return sucs;
    }
```

2.3.2 求解

现在已万事俱备！但是回想一下，之前我们使用搜索函数bfs()、dfs()和astar()时会返回一个Node类型，并且最终使用nodeToPath()函数得到一个可以表示结果的状态列表。对于传教士和食人族问题而言，我们也需要一种能将结果状态列表打印成能让人理解的一系列解答步骤的方法。

displaySolution()函数可以将求解路径转换成可读的求解步骤并打印出来。它的工作原理是记录最终状态的同时迭代遍历求解步骤中的所有状态。它会查看最终状态与当前正在迭代状态之间的差异，并找出每次渡河的传教士和食人族的人数及其方向。

代码清单 2.31 Missionaries.java 续

```
    public static void displaySolution(List<MCState> path) {
        if (path.size() == 0) { // sanity check
            return;
        }
        MCState oldState = path.get(0);
        System.out.println(oldState);
        for (MCState currentState : path.subList(1, path.size())) {
            if (currentState.boat) {
                System.out.printf("%d missionaries and %d cannibals moved from
 the east bank to the west bank.%n",
                        oldState.em - currentState.em,
                        oldState.ec - currentState.ec);
            } else {
                System.out.printf("%d missionaries and %d cannibals moved from
 the west bank to the east bank.%n",
                        oldState.wm - currentState.wm,
                        oldState.wc - currentState.wc);
            }
            System.out.println(currentState);
            oldState = currentState;
        }
    }
```

displaySolution()可以利用MCState类的toString()方法来打印完整的求解步骤。

现在，我们终于可以着手解决传教士和食人族问题了。鉴于我们之前已经实现了一些通用的搜索函数，所以就可以直接复用了。以下使用bfs()来进行求解。要想让搜索函数能正确工作，就要求用于记录已探索数据的数据结构能够很容易地进行比较。因此，在main()中求解问题之前，我们需要再次让Eclipse自动生成hashCode()和equals()。

代码清单2.32 Missionaries.java续

```
    // auto-generated by Eclipse
    @Override
    public int hashCode() {
        final int prime = 31;
        int result = 1;
        result = prime * result + (boat ? 1231 : 1237);
        result = prime * result + ec;
        result = prime * result + em;
        result = prime * result + wc;
        result = prime * result + wm;
        return result;
    }

    // auto-generated by Eclipse
    @Override
    public boolean equals(Object obj) {
        if (this == obj) {
            return true;
        }
        if (obj == null) {
            return false;
        }
        if (getClass() != obj.getClass()) {
            return false;
        }
        MCState other = (MCState) obj;
        if (boat != other.boat) {
            return false;
        }
        if (ec != other.ec) {
            return false;
        }
        if (em != other.em) {
            return false;
        }
        if (wc != other.wc) {
            return false;
        }
        if (wm != other.wm) {
            return false;
        }
        return true;
    }
```

```
    public static void main(String[] args) {
        MCState start = new MCState(MAX_NUM, MAX_NUM, true);
        Node<MCState> solution = GenericSearch.bfs(start, MCState::goalTest,
MCState::successors);
        if (solution == null) {
            System.out.println("No solution found!");
        } else {
            List<MCState> path = GenericSearch.nodeToPath(solution);
            displaySolution(path);
        }
    }

}
```

之前实现的通用搜索函数使用起来如此灵活，真是让人开心，而且它们还能轻松地对多种问题进行求解。最终的打印结果如下所示（有删减）：

```
On the west bank there are 3 missionaries and 3 cannibals.
On the east bank there are 0 missionaries and 0 cannibals.
The boast is on the west bank.
0 missionaries and 2 cannibals moved from the west bank to the east bank.
On the west bank there are 3 missionaries and 1 cannibals.
On the east bank there are 0 missionaries and 2 cannibals.
The boast is on the east bank.
0 missionaries and 1 cannibals moved from the east bank to the west bank.
…
On the west bank there are 0 missionaries and 0 cannibals.
On the east bank there are 3 missionaries and 3 cannibals.
The boast is on the east bank.
```

2.4 实际应用

搜索算法在所有实用软件中都发挥着作用。在某些情况下，它甚至是核心内容，如谷歌搜索、Spotlight 和 Lucene 等；而在一些其他场合，它决定了如何选择数据存储结构。了解应用于某种数据结构的正确搜索算法对提高性能至关重要。例如，在已排序的数据结构上使用线性搜索而不是二分搜索，其成本就会十分高昂。

A* 搜索是使用最为广泛的路径搜索算法之一，只有那些对搜索空间进行预计算的算法才能打败它。在盲搜情况下，A* 搜索还未尝败绩。这使得它无论在路径规划中还是在查找解析编程语言的最短路径中，都成为一种必备组件。大多数导航类地图软件（如谷歌地图）都使用 Dijkstra 算法（A* 是其变体）进行导航。第 4 章中有关于 Dijkstra 算法的更多信息。在没有人为干预的情况下，如果游戏中的 AI 角色需要查找从世界的一端到达另一端的最短路径，那么它很可能会使用 A* 算法。

更为复杂的算法往往会基于广度优先搜索和深度优先搜索，如一致代价（uniform-cost）搜索和回溯搜索（第 3 章中将会介绍）。广度优先搜索通常足以应付在小规模图中查找最短路径的情形，然而又因为它与 A* 非常相似，所以如果大规模图具备良好的启发式信息，则能很容易地切换到 A*。

2.5 习题

1. 请创建一个能够包含100万个数的列表，用本章实现的 `linearContains()` 和 `binaryContains()` 函数分别在该列表中查找多个数并计时，以演示二分搜索相对线性搜索的性能优势。
2. 给 `dfs()`、`bfs()` 和 `astar()` 添加计数器，以便查看它们对同一迷宫进行搜索时遍历的状态数。为了获得统计学上的有效结论，请针对 100 个不同的迷宫进行搜索并计数。
3. 对于传教士和食人族问题，求得传教士和食人族在初始人数不相等的情况下的一个解。

Chapter 3 第3章

约束满足问题

很多要用计算工具来解决的问题基本都可以归类为约束满足问题（Constraint-Satisfaction Problem，CSP）。CSP由一组变量构成，变量可能的取值范围被称为值域(domain)。要求解约束满足问题需要满足变量之间的约束。变量、值域和约束这3个核心概念很容易理解，而且它们的通用性决定了其对于求解约束满足问题的广泛适用性。

让我们考虑这样一个问题。假设要安排Joe、Mary和Sue在周五参加一个会议。Sue至少得和另外一个人一起参加会议。在该日程安排问题中，Joe、Mary和Sue三人可以被视为变量。每个变量的值域是他们各自的可用时间，例如，变量Mary的值域为下午2点、3点和4点。除此之外，该问题还有两个约束，一个是Sue必须参会，另一个是至少得有两人参会。因此，我们将为该约束满足问题的求解程序定义3个变量、3个值域和2个约束，且该求解程序不需要用户精确说明做法就能解决问题。图3.1展示了这一示例。

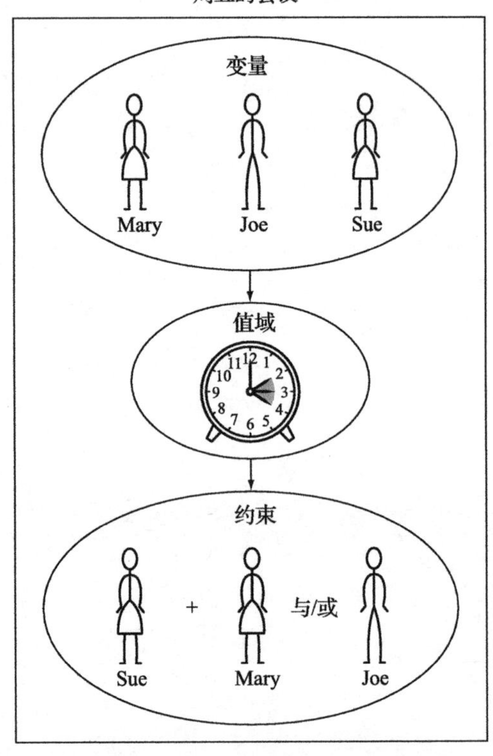

图3.1 日程安排问题是约束满足问题框架的经典应用

诸如Prolog和Picat这样的编程语言已经内置了用来解决约束满足问题的工具。而其他编程语言中常用的手段是构建一个由回溯搜索和几种启发式信息组合而成的框架。这里加入启发式信息是为了提高搜索性能。本章中，我们首先会采用简单的递归回溯搜索来构建一个解决约束满足问题的框架，然后使用该框架来解决几个不同的示例问题。

3.1 构建约束满足问题的解决框架

所有的约束都会被定义成Constraint类的子类。每个Constraint包含它所约束的variables和用来检查是否满足条件的satisfied()方法。确定是否满足约束是定义某个约束满足问题所需的主要逻辑。

默认的satisfied()方法需要被重写。这是因为Constraint类是抽象类，而抽象类不是用来实例化的，我们实际使用的是重写并实现了它的abstract方法的子类。

代码清单3.1 Constraint.java

```
package chapter3;

import java.util.List;
import java.util.Map;
// V is the variable type, and D is the domain type
public abstract class Constraint<V, D> {

    // the variables that the constraint is between
    protected List<V> variables;

    public Constraint(List<V> variables) {
        this.variables = variables;
    }

    // must be overridden by subclasses
    public abstract boolean satisfied(Map<V, D> assignment);
}
```

提示 在Java中，往往很难抉择到底使用抽象类还是接口。由于只有抽象类能够含有实例变量，而我们又需要创建实例变量variables，因此这里选择使用抽象类。

该约束满足问题框架的核心是CSP类。CSP类中包含了变量、值域和约束。类中使用泛型来保证足够的灵活性，从而能处理任意类型的变量和域值（主键V和域值D）。在CSP中，variables、domains和constraints可以是任意类型。集合variables是一个用来存放变量的List类型，Map类型的domains则把变量映射为可取值的列表（这些变量的值域），Map类型的constraints则把每个变量映射为其所受约束的列表。

代码清单 3.2 CSP.java

```
package chapter3;

    import java.util.ArrayList;
    import java.util.HashMap;
    import java.util.List;
    import java.util.Map;

    public class CSP<V, D> {
        private List<V> variables;
        private Map<V, List<D>> domains;
        private Map<V, List<Constraint<V, D>>> constraints = new HashMap<>();

        public CSP(List<V> variables, Map<V, List<D>> domains) {
            this.variables = variables;
            this.domains = domains;
            for (V variable : variables) {
              constraints.put(variable, new ArrayList<>());
                if (!domains.containsKey(variable)) {
                    throw new IllegalArgumentException("Every variable should
     have a domain assigned to it.");
                }
            }
        }
        public void addConstraint(Constraint<V, D> constraint) {
            for (V variable : constraint.variables) {
                if (!variables.contains(variable)) {
                    throw new IllegalArgumentException("Variable in constraint
     not in CSP");
                }
                constraints.get(variable).add(constraint);
            }
        }
```

构造函数创建了 Map 类型的实例 constraints。addConstraint() 方法会遍历给定约束涉及的所有变量，并将该约束添加到每个变量的 constraints 映射中。这两个方法都有一些基本的错误检查代码，如果 variable 缺少值或者 constraint 用到了不存在的变量，都会引发异常。

如何判断给定的变量配置和所选域值是否满足约束呢？其中，我们将给定的变量配置称为 assignment。也就是说，assignment 是为每个变量所选择的特定域值。为此，我们需要定义一个函数，该函数根据 assignment 来检查给定变量的每个约束，以查看 assignment 中变量的值是否与约束一致。CSP 类中的 consistent() 方法就是该函数的实现。

代码清单 3.3 CSP.java 续

```
    // Check if the value assignment is consistent by checking all
    // constraints for the given variable against it
    public boolean consistent(V variable, Map<V, D> assignment) {
        for (Constraint<V, D> constraint : constraints.get(variable)) {
```

```
        if (!constraint.satisfied(assignment)) {
            return false;
        }
    }
    return true;
}
```

consistent() 遍历给定变量（一定是刚刚加入 assignment 中的变量）的每个约束，以检查是否满足约束。如果满足所有约束，则返回 true；只要有一条不满足，则返回 false。

该约束满足问题框架使用简单的回溯搜索来寻找问题的解。回溯的思路如下：在搜索中一旦碰到障碍，就回到碰到障碍之前最后一次做出判断的已知点，然后选择另一条路径。敏锐的你应该发现这与第 2 章中的深度优先搜索非常相似。下面 backtrackingSearch() 方法实现的回溯搜索正是一种递归式深度优先搜索，它结合了第 1 章和第 2 章中介绍的思路。我们还实现了一个辅助方法，该方法仅仅调用了参数为初始化空 Map 类型的 backtrackingSearch() 方法。该辅助方法在开始搜索时非常有用。

代码清单 3.4 CSP.java 续

```
    public Map<V, D> backtrackingSearch(Map<V, D> assignment) {
        // assignment is complete if every variable is assigned (base case)
        if (assignment.size() == variables.size()) {
            return assignment;
        }
        // get the first variable in the CSP but not in the assignment
        V unassigned = variables.stream().filter(v ->
      !assignment.containsKey(v)).findFirst().get();
        // look through every domain value of the first unassigned variable
        for (D value : domains.get(unassigned)) {
            // shallow copy of assignment that we can change
            Map<V, D> localAssignment = new HashMap<>(assignment);
            localAssignment.put(unassigned, value);
            // if we're still consistent, we recurse (continue)
            if (consistent(unassigned, localAssignment)) {
                Map<V, D> result = backtrackingSearch(localAssignment);
                // if we didn't find the result, we end up backtracking
                if (result != null) {
                    return result;
                }
            }
        }
        return null;
    }

    // helper for backtrackingSearch when nothing known yet
    public Map<V, D> backtrackingSearch() {
        return backtrackingSearch(new HashMap<>());
    }
}
```

我们逐行过一下 backtrackingSearch() 中的代码：

```
if (assignment.size() == variables.size()) {
    return assignment;
}
```

递归搜索的基准条件是为每个变量都找到满足条件的赋值，一旦找到就返回满足条件的解的第一个实例，而不会继续搜索下去。

```
V unassigned = variables.stream().filter(v ->
    !assignment.containsKey(v)).findFirst().get();
```

为了选出一个新变量并搜索其值域，只需遍历所有变量并找出第一个未赋值的变量。为此，我们为 variables 创建一个 Stream 过滤器，根据变量是否在 assignment 中来进行筛选，我们通过 findFirst() 方法获取第一个没在 assignment 中的变量。filter() 接收一个 Predicate 参数。Predicate 是一个函数接口，说明该函数拥有一个参数并返回一个 boolean 类型的值。这里的 Predicate 是一个 lambda 表达式，即 v->!assignment.containsKey(v)。如果 assignment 中不包含参数，则返回 true。返回 true 的参数在这里是就 CSP 的一个变量。

```
for (D value : domains.get(unassigned)) {
    Map<V, D> localAssignment = new HashMap<>(assignment);
    localAssignment.put(unassigned, value);
```

我们一次一个地为该变量分配所有可能的域值。每个新 assignment 存储在名为 Map 类型的 localAssignment 局部变量中。

```
if (consistent(unassigned, localAssignment)) {
    Map<V, D> result = backtrackingSearch(localAssignment);
    if (result != null) {
        return result;
    }
}
```

如果 localAssignment 中的新 assignment 与所有约束一致（使用 consistent() 进行检查），则继续递归搜索新的 assignment。如果 result 不为空（基准情况），我们就将新 assignment 返回到递归链上。

```
return null;
```

最后，如果已经对某变量遍历了每一种可能的域值，并且用现有的一组 assignment 没有找到解，就返回 null，表示无解。这将导致递归调用链回溯到之前成功做出上一次赋值的位置。

3.2 澳大利亚地图着色问题

试想有一张澳大利亚地图，希望按州 / 属地（统称为“地区”）进行着色，不允许相邻的两个地区使用同一种颜色。请问，能够只用 3 种颜色来对所有地区着色吗？

答案是：可以。你可以打印一张白色背景的澳大利亚地图来尝试涂一下，通过检查和少量的反复试错可以快速求得解。这个问题对于之前的回溯式约束满足问题求解程序而言简直是小菜一碟，完全可以用来大展身手。该地图着色问题如图 3.2 所示。

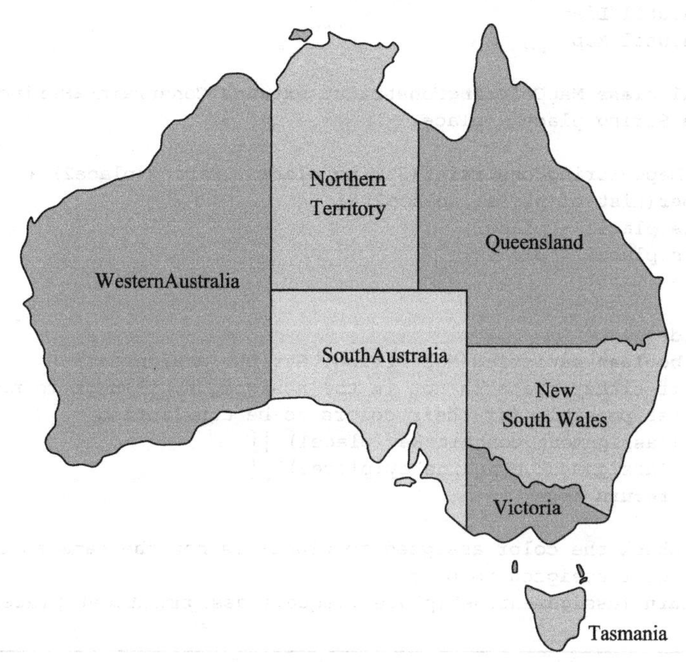

图 3.2　在澳大利亚地图着色问题的解中，不允许相邻地区使用同一种颜色

要将地图着色问题建模为 CSP，需要定义变量、值域和约束。变量是澳大利亚的 7 个地区（这里仅限于这 7 个地区）：Western Australia、Northern Territory、South Australia、Queensland、New South Wales、Victoria 和 Tasmania。可以使用字符串在此 CSP 中进行建模。每个变量的值域是可以使用的 3 种颜色，这里使用红、绿、蓝三种颜色。约束的定义是难点。由于不允许对两个相邻地区使用同一种颜色，因此约束将取决于有哪些地区是彼此相邻的。可以采用二元约束，即两个变量间的约束。具有相同边界的两个地区共用一个二元约束，表示不能给它们赋予相同的颜色。

要在代码中实现这些二元约束，需要创建 `Constraint` 类的子类。子类 `MapColoringConstraint` 的构造函数需要传入两个变量，代表共用边界的两个地区。重写 `satisfied()` 方法，该方法首先检查两个地区是否已经赋值（颜色）。如果其中一个地区没有着色，则不会发生冲突。然后检查两个地区是否被赋予了同样的颜色。显然，如果颜色相同，则存在冲突，也就不满足约束。

下面是这个类的完整代码，该代码去除了运行程序的入口 `main()` 部分。`MapColoringConstraint` 类本身没有使用泛型，但它是泛型 `Constraint` 类的参数化子类，表明变量和值域都是 `String` 类型。

代码清单 3.5 MapColoringConstraint.java

```
package chapter3;

import java.util.HashMap;
import java.util.List;
import java.util.Map;

public final class MapColoringConstraint extends Constraint<String, String> {
    private String place1, place2;

    public MapColoringConstraint(String place1, String place2) {
        super(List.of(place1, place2));
        this.place1 = place1;
        this.place2 = place2;
    }

    @Override
    public boolean satisfied(Map<String, String> assignment) {
        // if either place is not in the assignment, then it is not
        // yet possible for their colors to be conflicting
        if (!assignment.containsKey(place1) ||
            !assignment.containsKey(place2)) {
            return true;
        }
        // check the color assigned to place1 is not the same as the
        // color assigned to place2
        return !assignment.get(place1).equals(assignment.get(place2));
    }
```

现在，地区之间的约束就有了实现方案，使用CSP求解程序来表示澳大利亚地图着色问题就变得非常简单，只需填入值域和变量，再添加约束即可。

代码清单 3.6 MapColoringConstraint.java 续

```
    public static void main(String[] args) {
        List<String> variables = List.of("Western Australia", "Northern
      Territory", "South Australia", "Queensland", "New South Wales",
      "Victoria", "Tasmania");
        Map<String, List<String>> domains = new HashMap<>();
        for (String variable : variables) {
            domains.put(variable, List.of("red", "green", "blue"));
        }
        CSP<String, String> csp = new CSP<>(variables, domains);
        csp.addConstraint(new MapColoringConstraint("Western Australia",
      "Northern Territory"));
        csp.addConstraint(new MapColoringConstraint("Western Australia",
      "South Australia"));
        csp.addConstraint(new MapColoringConstraint("South Australia",
      "Northern Territory"));
        csp.addConstraint(new MapColoringConstraint("Queensland", "Northern
      Territory"));
        csp.addConstraint(new MapColoringConstraint("Queensland", "South
      Australia"));
        csp.addConstraint(new MapColoringConstraint("Queensland", "New South
```

```
Wales"));
    csp.addConstraint(new MapColoringConstraint("New South Wales", "South
Australia"));
    csp.addConstraint(new MapColoringConstraint("Victoria", "South
Australia"));
    csp.addConstraint(new MapColoringConstraint("Victoria", "New South
Wales"));
    csp.addConstraint(new MapColoringConstraint("Victoria", "Tasmania"));
```

最后，调用 backtrackingSearch() 求出一个解。

代码清单 3.7 MapColoringConstraint.java 续

```
        Map<String, String> solution = csp.backtrackingSearch();
        if (solution == null) {
            System.out.println("No solution found!");
        } else {
            System.out.println(solution);
        }
    }
}
```

一个正确的解将包含每个地区的赋值颜色：

```
{Western Australia=red, New South Wales=green, Victoria=red, Tasmania=green,
    Northern Territory=green, South Australia=blue, Queensland=red}
```

3.3 八皇后问题

国际象棋棋盘由 8×8 的正方形网格组成。皇后可以在棋盘上沿任意行、列或对角线移动任意数量的格子。皇后每次移动时都可以吃掉位于移动路线上的其他棋子，它可以移动到被吃掉棋子所在的格子，但不能越过其他棋子。也就是说，如果有其他棋子在皇后的移动范围之内，就会被皇后吃掉。八皇后问题是指，如何把 8 个皇后放到棋盘上，使得它们之间无法进行攻击，如图 3.3 所示。

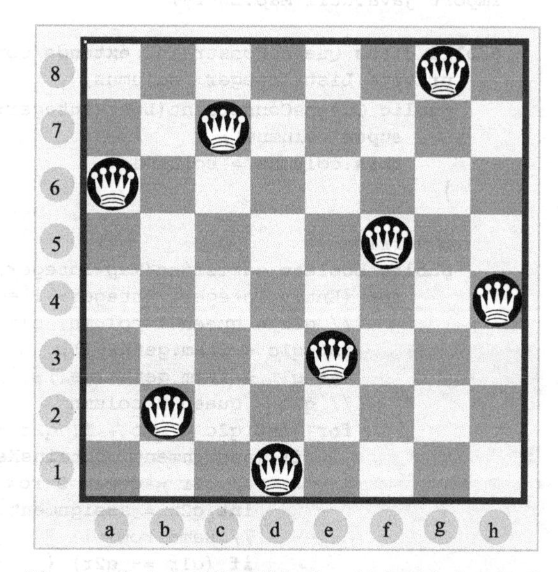

图 3.3 在八皇后问题的解中，任意两个皇后都不能相互构成威胁。这种解可能有很多个

为了表示棋盘上的格子，我们为每个格子赋予整数的行号和列号。只需要对 8 个皇后所在格子的列号依次从 a 到

h进行分配，就可以确保它们不会位于同一列中。皇后所在格子的列号可以作为此约束满足问题中的变量。皇后可能被摆放的格子的行号（1～8）可以作为值域。代码清单3-8展示了代码源文件的最后部分，其中定义了这些变量和值域。

代码清单3.8 QueensConstraint.java

```java
    public static void main(String[] args) {
        List<Integer> columns = List.of(1, 2, 3, 4, 5, 6, 7, 8);
        Map<Integer, List<Integer>> rows = new HashMap<>();
        for (int column : columns) {
            rows.put(column, List.of(1, 2, 3, 4, 5, 6, 7, 8));
        }
        CSP<Integer, Integer> csp = new CSP<>(columns, rows);
```

由于在一开始每个皇后都被赋予了不同的列号，因此为了解决这一问题，我们需要有一个检查任意两个皇后是否位于同一行或同一对角线上的约束。想要检查是否位于同一行是非常容易的，但检查是否位于同一条对角线就需要用到一些数学知识——如果任意两个皇后位于同一条对角线，则它们所在的行差和列差必定相同。你能在QueensConstraint中找出进行上述检查的代码吗？下面的代码位于源文件的开始位置。

代码清单3.9 QueensConstraint.java 续

```java
package chapter3;

import java.util.HashMap;
import java.util.List;
import java.util.Map;
import java.util.Map.Entry;

public class QueensConstraint extends Constraint<Integer, Integer> {
    private List<Integer> columns;
    public QueensConstraint(List<Integer> columns) {
        super(columns);
        this.columns = columns;
    }

    @Override
    public boolean satisfied(Map<Integer, Integer> assignment) {
        for (Entry<Integer, Integer> item : assignment.entrySet()) {
            // q1c = queen 1 column, q1r = queen 1 row
            int q1c = item.getKey();
            int q1r = item.getValue();
            // q2c = queen 2 column
            for (int q2c = q1c + 1; q2c <= columns.size(); q2c++) {
                if (assignment.containsKey(q2c)) {
                    // q2r = queen 2 row
                    int q2r = assignment.get(q2c);
                    // same row?
                    if (q1r == q2r) {
                        return false;
                    }
```

```
                    // same diagonal?
                    if (Math.abs(q1r - q2r) == Math.abs(q1c - q2c)) {
                        return false;
                    }
                }
            }
        }
        return true; // no conflict
    }
```

剩下的工作就是加入约束并执行搜索了。现在回到源文件的底部，main() 函数的最后那部分代码。

代码清单 3.10　QueensConstraint.java 续

```
        csp.addConstraint(new QueensConstraint(columns));
        Map<Integer, Integer> solution = csp.backtrackingSearch();
        if (solution == null) {
            System.out.println("No solution found!");
        } else {
            System.out.println(solution);
        }
    }
}
```

可以看到，为解决地图着色问题而构建的约束满足问题求解框架复用起来十分轻松，它可以用来解决类型完全不同的问题，这正是编写通用代码的威力！除非是为了优化特定应用程序的性能而需要进行特别处理，否则算法应尽量以能广泛适用的方式来实现。

正确的解会为每个皇后赋予行号和列号：

```
{1=1, 2=5, 3=8, 4=6, 5=3, 6=7, 7=2, 8=4}
```

3.4　单词搜索问题

单词搜索问题是在填满了字母的网格中，寻找沿着行、列和对角线隐藏的单词的问题。玩家需要仔细扫描网格来找到隐藏的单词。在网格中找到合适的位置来放置这些单词，就是一种约束满足问题。变量就是单词，值域则是这些单词可能放置的位置。该问题如图 3.4 所示。本节中我们的目标是生成一个单词搜索谜题，而不是来求解这个谜题。

为了方便起见，这里的单词搜索问题不包含重叠的单词。允许重叠单词的问题可以作为练习题供大家练习。

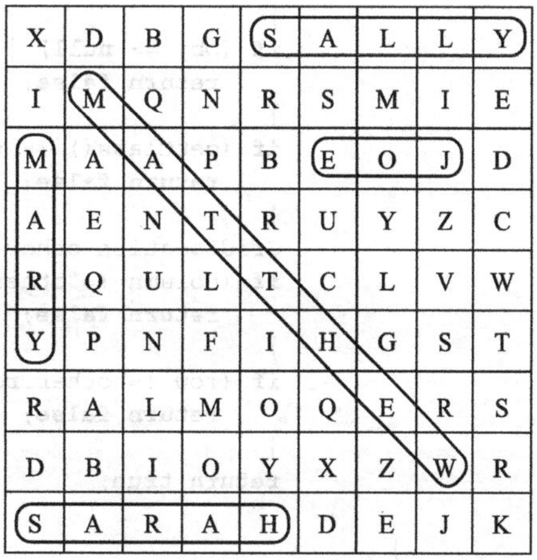

X	D	B	G	S	A	L	L	Y
I	M	Q	N	R	S	M	I	E
M	A	A	P	B	E	O	J	D
A	E	N	T	R	U	Y	Z	C
R	Q	U	L	T	C	L	V	W
Y	P	N	F	I	H	G	S	T
R	A	L	M	O	Q	E	R	S
D	B	I	O	Y	X	Z	W	R
S	A	R	A	H	D	E	J	K

图 3.4　经典的单词搜索问题可能出现在儿童益智图书中

该单词搜索问题的网格与第2章中的迷宫有点类似。下面的一些数据类型你应该会很眼熟。WordGrid类似于Maze，而GridLocation与MazeLocation类似。

代码清单 3.11 WordGrid.java

```
package chapter3;

import java.util.ArrayList;
import java.util.List;
import java.util.Random;
public class WordGrid {

    public static class GridLocation {
        public final int row, column;
        public GridLocation(int row, int column) {
            this.row = row;
            this.column = column;
        }

        // auto-generated by Eclipse
        @Override
        public int hashCode() {
            final int prime = 31;
            int result = 1;
            result = prime * result + column;
            result = prime * result + row;
            return result;
        }
        // auto-generated by Eclipse
        @Override
        public boolean equals(Object obj) {
            if (this == obj) {
                return true;
            }
            if (obj == null) {
                return false;
            }
            if (getClass() != obj.getClass()) {
                return false;
            }
            GridLocation other = (GridLocation) obj;
            if (column != other.column) {
                return false;
            }
            if (row != other.row) {
                return false;
            }
            return true;
        }
    }
```

一开始，我们需要使用A～Z的随机字母来填充网格。随机字符通过随机的字母对应的 ASCII 码来实现。我们还需要定义一个方法（在网格上对给定的一组位置标记一个单词），以及一个能够显示网格的方法。

代码清单 3.12 WordGrid.java 续

```
    private final char ALPHABET_LENGTH = 26;
    private final char FIRST_LETTER = 'A';
    private final int rows, columns;
    private char[][] grid;

    public WordGrid(int rows, int columns) {
        this.rows = rows;
        this.columns = columns;
        grid = new char[rows][columns];
        // initialize grid with random letters
        Random random = new Random();
        for (int row = 0; row < rows; row++) {
            for (int column = 0; column < columns; column++) {
                char randomLetter = (char) (random.nextInt(ALPHABET_LENGTH) +
     FIRST_LETTER);
                grid[row][column] = randomLetter;
            }
        }
    }

    public void mark(String word, List<GridLocation> locations) {
        for (int i = 0; i < word.length(); i++) {
            GridLocation location = locations.get(i);
            grid[location.row][location.column] = word.charAt(i);
        }
    }

    // get a pretty printed version of the grid
    @Override
    public String toString() {
        StringBuilder sb = new StringBuilder();
        for (char[] rowArray : grid) {
            sb.append(rowArray);
            sb.append(System.lineSeparator());
        }
        return sb.toString();
    }
```

为了将单词在网格中的位置标识出来，需要生成其值域。单词的域值是其全部字母可能放置的位置的列表的列表（`List<List<GridLocation>>`）。但是单词不能随意放置，必须位于网格范围内的行、列或对角线上。也就是说，单词长度不能超过网格的边界。`generateDomain()` 及其辅助方法 `fill()` 的目的就是为每个单词创建这些列表。

代码清单 3.13 WordGrid.java 续

```
    public List<List<GridLocation>> generateDomain(String word) {
        List<List<GridLocation>> domain = new ArrayList<>();
        int length = word.length();
```

```
        for (int row = 0; row < rows; row++) {
            for (int column = 0; column < columns; column++) {
                if (column + length <= columns) {
                    // left to right
                    fillRight(domain, row, column, length);
                    // diagonal towards bottom right
                    if (row + length <= rows) {
                        fillDiagonalRight(domain, row, column, length);
                    }
                }
                if (row + length <= rows) {
                    // top to bottom
                    fillDown(domain, row, column, length);
                    // diagonal towards bottom left
                    if (column - length >= 0) {
                        fillDiagonalLeft(domain, row, column, length);
                    }
                }
            }
        }
        return domain;
    }

    private void fillRight(List<List<GridLocation>> domain, int row, int
     column, int length) {
        List<GridLocation> locations = new ArrayList<>();
        for (int c = column; c < (column + length); c++) {
            locations.add(new GridLocation(row, c));
        }
        domain.add(locations);
    }

    private void fillDiagonalRight(List<List<GridLocation>> domain, int row,
     int column, int length) {
        List<GridLocation> locations = new ArrayList<>();
        int r = row;
        for (int c = column; c < (column + length); c++) {
            locations.add(new GridLocation(r, c));
            r++;
        }
        domain.add(locations);
    }

    private void fillDown(List<List<GridLocation>> domain, int row, int
     column, int length) {
        List<GridLocation> locations = new ArrayList<>();
        for (int r = row; r < (row + length); r++) {
            locations.add(new GridLocation(r, column));
        }
        domain.add(locations);
    }

    private void fillDiagonalLeft(List<List<GridLocation>> domain, int row,
     int column, int length) {
        List<GridLocation> locations = new ArrayList<>();
```

```java
            int c = column;
            for (int r = row; r < (row + length); r++) {
                locations.add(new GridLocation(r, c));
                c--;
            }
            domain.add(locations);
        }

    }
```

对于一个单词可能沿着行、列或对角线的位置范围，for 循环将该范围转换成一个 GridLocation 的列表。由于 generateDomain() 会对每个单词循环遍历从左上角到右下角的每一个网格位置，所以这一过程会涉及大量计算。你能想出一种高效的方法吗？如果在循环中把长度相同的单词一次遍历完，又会怎样？

若要检查可能的解是否有效，必须为单词搜索问题制定约束。WordSearchConstraint 中的 satisfied() 方法只会检查为某个单词推荐的位置是否与为其他单词推荐的位置相同，这里使用 Set 来实现。将 List 转换成 Set 时会移除所有重复项。如果从 List 转换而成的 Set 中的数据项少于原 List 中的数据项，则表示原 List 中包含一些重复项。为了为此项检查准备数据，我们将使用 flatMap() 把赋值中每个单词的多个位置子列表组合为一个大的位置列表。

代码清单 3.14 WordSearchConstraint.java

```java
package chapter3;

import java.util.Collection;
import java.util.Collections;
import java.util.HashMap;
import java.util.HashSet;
import java.util.List;
import java.util.Map;
import java.util.Map.Entry;
import java.util.Random;
import java.util.Set;
import java.util.stream.Collectors;

import chapter3.WordGrid.GridLocation;

public class WordSearchConstraint extends Constraint<String,
    List<GridLocation>> {

    public WordSearchConstraint(List<String> words) {
        super(words);
    }

    @Override
    public boolean satisfied(Map<String, List<GridLocation>> assignment) {
        // combine all GridLocations into one giant List
        List<GridLocation> allLocations = assignment.values().stream()
          .flatMap(Collection::stream).collect(Collectors.toList());
        // a set will eliminate duplicates using equals()
```

```
        Set<GridLocation> allLocationsSet = new HashSet<>(allLocations);
        // if there are any duplicate grid locations then there is an overlap
        return allLocations.size() == allLocationsSet.size();
    }
```

我们终于可以运行它了。在本例中，我们需要把5个单词放入9×9的网格。求得的解应该包含每个单词与其字母在网格中的位置之间的映射关系。

代码清单 3.15 WordSearchConstraint.java 续

```
    public static void main(String[] args) {
        WordGrid grid = new WordGrid(9, 9);
        List<String> words = List.of("MATTHEW", "JOE", "MARY", "SARAH",
      "SALLY");
        // generate domains for all words
        Map<String, List<List<GridLocation>>> domains = new HashMap<>();
        for (String word : words) {
            domains.put(word, grid.generateDomain(word));
        }
        CSP<String, List<GridLocation>> csp = new CSP<>(words, domains);
        csp.addConstraint(new WordSearchConstraint(words));
        Map<String, List<GridLocation>> solution = csp.backtrackingSearch();
        if (solution == null) {
            System.out.println("No solution found!");
        } else {
            Random random = new Random();
            for (Entry<String, List<GridLocation>> item :
     solution.entrySet()) {
                String word = item.getKey();
                List<GridLocation> locations = item.getValue();
                // random reverse half the time
                if (random.nextBoolean()) {
                    Collections.reverse(locations);
                }
                grid.mark(word, locations);
            }
            System.out.println(grid);
        }
    }
}
```

在用单词填充网格的代码中，我们使用了一点小技巧，即随机选取一些单词并对它们做逆序处理。由于不允许单词重叠，所以可以对单词进行这样的处理。你能从中找出Matthew、Joe、Mary、Sarah和Sally吗？

```
LWEHTTAMJ
MARYLISGO
DKOJYHAYE
IAJYHALAG
GYZJWRLGM
LLOTCAYIX
PEUTUSLKO
AJZYGIKDU
HSLZOFNNR
```

3.5　字谜问题

字谜（SEND+MORE=MONEY）是一种数字密码谜题，目标是要找到字母背后所代表的数字，使得算式成立。该问题中的每个字母都代表一个 0 ～ 9 的数字。同一个数字只会用一个字母来表示。如果同一个字母反复出现，则说明它代表的数字也在反复出现。

如果想自己动手来解这个谜题，可以把以下单词排成一列以方便解答。

```
 SEND
+MORE
=MONEY
```

只要有一点数学基础，就可以手动求得解。然而，一个简单的计算机程序可以通过暴力测试大量可能的数字来更快地求解。我们把 SEND+MORE=MONEY 谜题表示为一个约束满足问题。

代码清单 3.16　SendMoreMoneyConstraint.java

```java
package chapter3;

import java.util.HashMap;
import java.util.HashSet;
import java.util.List;
import java.util.Map;

public class SendMoreMoneyConstraint extends Constraint<Character, Integer> {
    private List<Character> letters;

    public SendMoreMoneyConstraint(List<Character> letters) {
        super(letters);
        this.letters = letters;
    }

    @Override
    public boolean satisfied(Map<Character, Integer> assignment) {
        // if there are duplicate values then it's not a solution
        if ((new HashSet<>(assignment.values())).size() < assignment.size())
    {
            return false;
        }

        // if all variables have been assigned, check if it adds correctly
        if (assignment.size() == letters.size()) {
            int s = assignment.get('S');
            int e = assignment.get('E');
            int n = assignment.get('N');
            int d = assignment.get('D');
            int m = assignment.get('M');
            int o = assignment.get('O');
            int r = assignment.get('R');
            int y = assignment.get('Y');
            int send = s * 1000 + e * 100 + n * 10 + d;
            int more = m * 1000 + o * 100 + r * 10 + e;
```

```
            int money = m * 10000 + o * 1000 + n * 100 + e * 10 + y;
            return send + more == money;
        }
        return true; // no conflicts
    }
```

SendMoreMoneyConstraint 中的 satisfied() 方法执行了一些操作。它首先检查是否存在多个字母代表同一个数字的情况，如果存在，则说明是无效解，返回 false。接着，检查是否已经给所有字母赋了值，如果已经全部赋值，则会检查赋值是否符合给出的算式（SEND+MORE=MONEY）。如果算式成立，则说明找到了解，返回 true，反之则返回 false。最后，如果有字母还没有被赋值，则返回 true，以保证能继续求解。

我们试着运行一下。

代码清单 3.17　SendMoreMoneyConstraint.java 续

```
    public static void main(String[] args) {
        List<Character> letters = List.of('S', 'E', 'N', 'D', 'M', 'O', 'R',
    'Y');
        Map<Character, List<Integer>> possibleDigits = new HashMap<>();
        for (Character letter : letters) {
            possibleDigits.put(letter, List.of(0, 1, 2, 3, 4, 5, 6, 7, 8, 9));
        }
        // so we don't get answers starting with a 0
        possibleDigits.replace('M', List.of(1));
        CSP<Character, Integer> csp = new CSP<>(letters, possibleDigits);
        csp.addConstraint(new SendMoreMoneyConstraint(letters));
        Map<Character, Integer> solution = csp.backtrackingSearch();
        if (solution == null) {
            System.out.println("No solution found!");
        } else {
            System.out.println(solution);
        }
    }
}
```

你会发现我们预先给字母 M 赋了值，这是为了确保 M 的解中不包含 0，因为约束中没有规定数字不能从 0 开始。大家可以尝试一下如果不预先赋值会发生什么。

运行的结果如下所示：

```
{R=8, S=9, D=7, E=5, Y=2, M=1, N=6, O=0}
```

3.6　电路板布局问题

制造商需要将一些矩形的芯片安装到矩形的电路板上。这本质上就是如何把几个大小不同的矩形紧密地放置于另一个矩形内的问题。我们可以用约束满足问题的求解程序来解这个问题。该问题如图 3.5 所示。

电路板布局问题与单词搜索问题类似，但不再像单词那样是 $1\times N$ 的矩形，而是 $M\times N$ 的矩形。与单词搜索问题一样，矩形不能相互重叠，而且不能像单词那样沿对角线排布，所以该问题实际上要比单词搜索问题简单一些。

请大家自行尝试对单词搜索问题的求解程序进行修改，使其适用于电路板布局问题。包括网格展示代码在内的大部分代码都可以被复用。

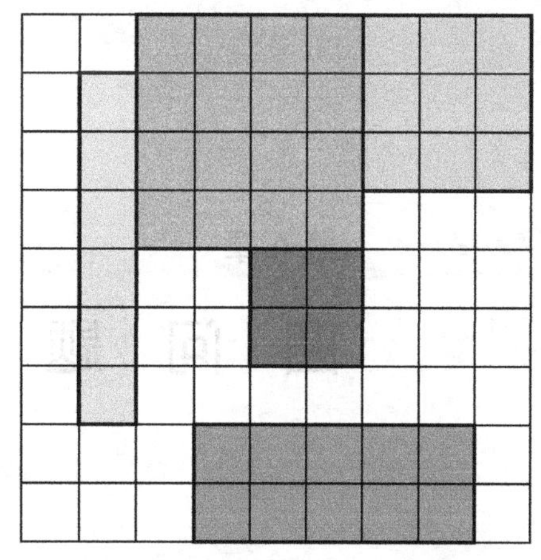

图 3.5　电路板布局问题与单词搜索问题非常相似，只是矩形的尺寸可以是不同的

3.7　实际应用

正如本章开头提到的那样，约束满足问题求解程序常常用于进行日程安排。出席会议的人可以被看作变量，而值域则由他们时间表中的空闲时间组成，约束则可能会涉及哪些人员必须一起出席会议的要求。

约束满足问题求解程序还可以用于运动规划。试想一个需要安装在管道内的机械臂，其中约束是管道壁，变量是关节，关节可能做出的动作是值域。

计算生物学中也可以应用约束满足问题求解程序，试想一下化学反应中分子间的约束条件。与通用的 AI 一样，它也可以应用于游戏中。后面就有一道习题要求编写数独的求解程序，求解约束满足问题可以解决很多逻辑谜题。

本章构建了一个简单的回溯深度优先搜索求解框架。如果结合启发式信息，就能极大地提高搜索性能，其中直觉可以用来指导搜索过程。约束传播（constraint propagation）是比回溯更新的一种技术，也是实际应用中的一种高效方法。想获得更多信息，请查看 Stuart Russell 和 Peter Norvig 的 *Artificial Intelligence: A Modern Approach, third edition*(Pearson, 2010) 的第 6 章。

本书中构建的简单示例框架不适用于生产环境。如果需要在 Java 中解决更复杂的约束问题，可以考虑使用 Choco 框架，参见 https://choco-solver.org。

3.8　习题

1. 修改 `WordSearchConstraint` 以支持字母的重叠。
2. 请完成 3.6 节中提到的电路板布局问题的求解程序。
3. 用本章构建的约束满足问题求解框架编写一个解决数独问题的程序。

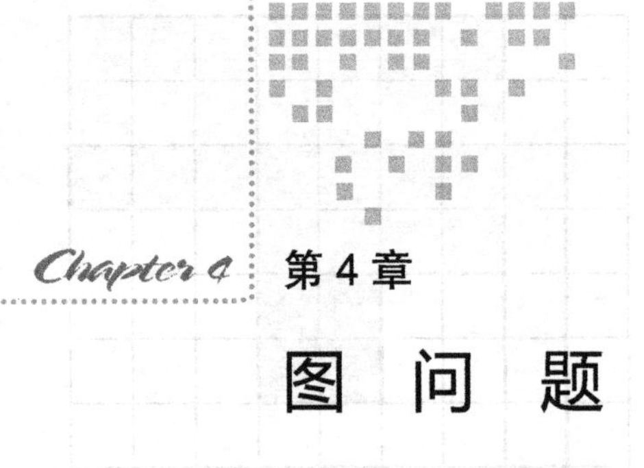

Chapter 4 第4章 图问题

图（graph）是一种抽象的数学结构，它通过将问题划分为一组相互连接的节点来对实际问题进行建模。每个节点被称为*顶点*（vertex），节点之间的连线被称为*边*（edge）。例如，地铁线路图就是一种表示交通网络的图。每个节点代表一个地铁站，节点之间的连线代表两个地铁站之间的线路。用与图相关的术语来表示的话，地铁站被称为“顶点”，线路被称为“边”。

为什么图很有用呢？因为图不仅有助于我们抽象地思考问题，还可以让我们在图的基础上使用一些易懂且高效的搜索及优化技术。例如，对于地铁线路图来说，想象一下如果我们想要知道从一个地铁站到另一个地铁站的最短线路，抑或是想要知道连通所有地铁站至少需要多少轨道这样的情景。本章介绍的图相关的算法就可以解决这两个问题。此外，图算法还可以应用于任意类型的网络而不仅是交通网络，例如计算机网络、配电网络以及公用事业网络。所有这些网络空间中的搜索和优化问题都可以使用图算法来解决。

4.1 地图是图的一种

本章将不讨论地铁线路图，而是讨论美国一些城市之间可能存在的线路。图 4.1 是美国人口普查局（the US Census Bureau）估算的美国大陆及其 15 个最大的都市统计区（Metropolitan Statistical Area，MSA）的地图。

著名企业家 Elon Musk 曾经建议搭建一个新型高速交通网络，该网络包含运行线路及线路中穿梭的高铁。根据他的建议，高铁将以 700mile/h[⊖]的速度行进。它是两个距离不足

⊖ 1mile=1609.344m。——编辑注

900mile 的城市间的高效交通方式[⊖]。他将这种新型交通系统称为“超级高铁”（Hyperloop）。本章将以搭建此交通网络为例来探讨经典的图问题。

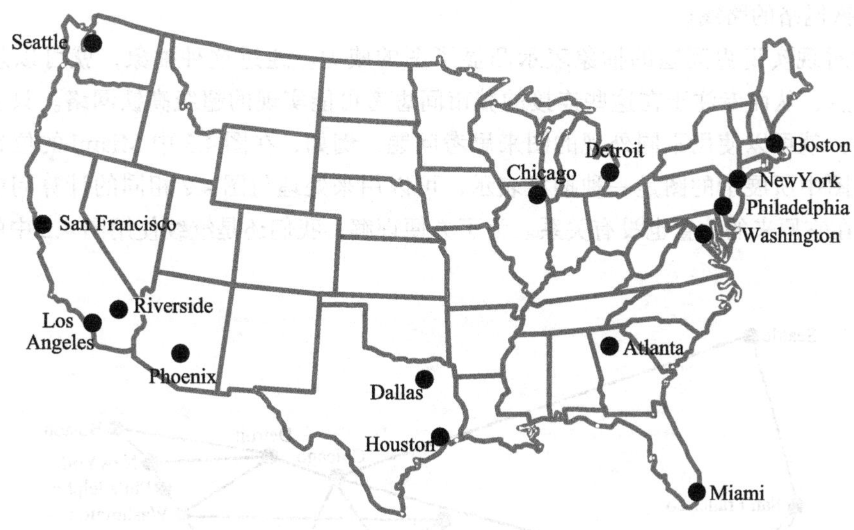

图 4.1 美国 15 个最大的都市统计区地图

Musk 最初的想法是建立连接 Los Angeles 和 San Francisco 的超级高铁。如果要建立全国性的超级高铁网络，就需要连接美国最大的几个都市区。图 4.2 中去掉了图 4.1 中的州边界。此外每个都市统计区都与相邻的都市统计区相连。这里为了增加一些趣味性，并没有只连接离得最近的都市统计区。

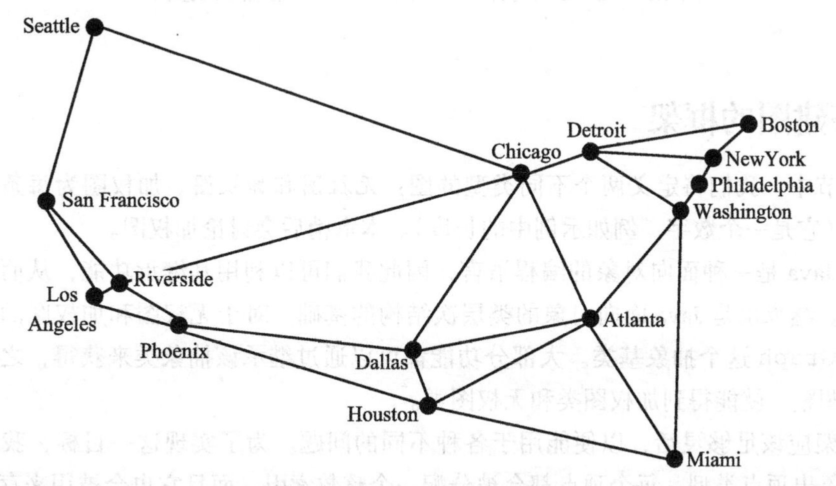

图 4.2 一个图，其中顶点代表美国最大的 15 个都市统计区，边代表都市统计区之间可能存在的超级高铁路线

⊖ Elon Musk，“Hyperloop Alpha”(https://www.tesla.com/sites/default/files/blog_images/hyperloop-alpha.pdf)。

图4.2展示了一个图，其中顶点代表美国最大的15个都市统计区，边代表都市统计区之间可能存在的超级高铁路线。选择这些路线只是为了说明该问题，当然也存在其他可以作为超级高铁网络的路线。

这种对现实世界问题的抽象表示凸显了图的威力。通过这种抽象，就可以忽略美国的地理信息，从而专注于在这些连接的城市间思考可能实现的超级高铁网络。只要保持这些边不变，就可以使用不同外观的图来思考问题，例如，在图4.3中Miami的位置就被移动了。该图中所展示的图是一种抽象表示，可以用来处理与图4.2相同的计算问题，即使Miami不在它原来的位置也没有关系。为了方便理解，我们还是继续使用图4.2中的位置来表示。

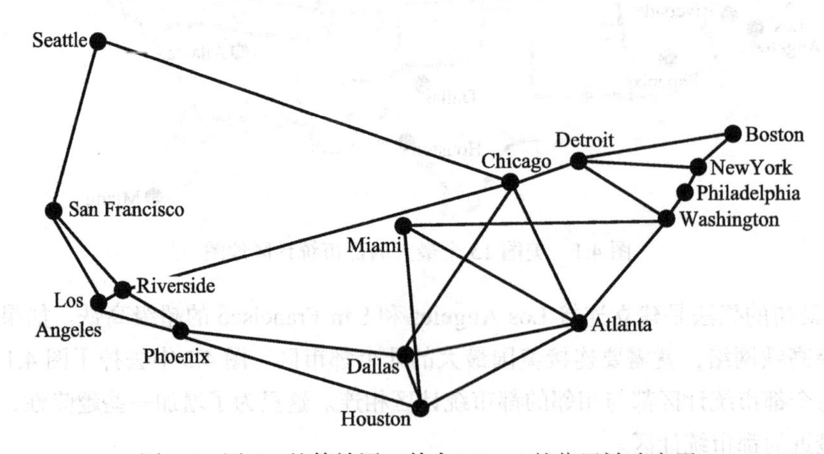

图4.3 图4.2的等效图，其中Miami的位置被改变了

4.2 搭建图的框架

在本节中，我们将定义两个不同类型的图：*无权图*和*加权图*。加权图为每条边关联了一个权重（它是一个数字，例如示例中的长度）。本章稍后会讨论加权图。

由于Java是一种面向对象的编程语言，因此我们可以利用其继承功能，从而减少重复性的工作。继承也是Java面向对象的类层次结构的基础。对于无权图和加权图的类，都可以派生自`Graph`这个抽象基类。大部分功能都可以通过继承该抽象类来获得，之后只需进行细微的调整，就能得到加权图类和无权图类。

该框架应该足够灵活，以便能用于各种不同的问题。为了实现这一目标，我们将使用泛型来抽象出顶点类型。每个顶点都会被分配一个整数索引，而且它也会被用来存储用户自定义的泛型类型。

下面就让我们从定义`Edge`类开始，着手搭建这一框架，`Edge`类是这个图框架中最简单的部分。

代码清单 4.1 Edge.java

```java
package chapter4;

public class Edge {
    public final int u; // the "from" vertex
    public final int v; // the "to" vertex

    public Edge(int u, int v) {
        this.u = u;
        this.v = v;
    }

    public Edge reversed() {
        return new Edge(v, u);
    }

    @Override
    public String toString() {
        return u + " -> " + v;
    }
}
```

Edge 定义了两个顶点之间的连线（边），每个顶点都由一个整数索引表示。这里按照惯例用 u 表示第一个顶点，v 表示第二个顶点。也可以将 u 视为“起点”而 v 视为“终点”。本章仅处理无向图，在这种图中，边是双向的。而有向图中的边是单向的。reversed() 方法用来返回一个与当前边方向相反的 Edge 类型。

Graph 抽象类关注图的基本概念：将顶点与边进行关联。而我们希望顶点的类型可以是该框架的使用者所期望的任意类型，因此我们将顶点类型定义为泛型（V），这样就使得框架可以用于各种不同的问题，而不需要生成中间数据结构来对事物进行转换。例如，在超级高铁线路图中，顶点类型可以定义为 String，因为我们会使用“New York”和“Los Angeles”这样的字符串来作为顶点。图中的边（E）也被定义为泛型，因此可以借由子类来将其设置为无权边或加权边。接下来，我们来看 Graph 类。

代码清单 4.2 Graph.java

```java
package chapter4;

import java.util.ArrayList;
import java.util.Arrays;
import java.util.List;
import java.util.stream.Collectors;

// V is the type of the vertices in the Graph
// E is the type of the edges
public abstract class Graph<V, E extends Edge> {

    private ArrayList<V> vertices = new ArrayList<>();
    protected ArrayList<ArrayList<E>> edges = new ArrayList<>();
```

```java
    public Graph() {
    }

    public Graph(List<V> vertices) {
        this.vertices.addAll(vertices);
        for (V vertex : vertices) {
            edges.add(new ArrayList<>());
        }
    }
```

vertices 列表是 Graph 类的核心。每个顶点都会被存储在该列表中，稍后我们将通过它们在列表中的整数索引来引用它们。顶点本身可能是一个复杂的数据类型，但它的索引始终是一个 int 类型，以方便使用。从另一个角度来说，通过在图中为顶点设置索引，我们可以在同一个图中存放两个相同的顶点。想象一下以城市为顶点的图，而在这个国家中有多个名为“Springfield”的城市。即使顶点的值完全相同，也会被分配不同的整数索引。

图的数据结构可以有多种实现方式，最常见的两种是使用顶点矩阵和邻接表。在顶点矩阵中，每个元素表示图中两个顶点是否相连，元素值表示顶点间的连通度（或无连接）。而在本示例中，我们将使用邻接表来进行表示。在邻接表中，每个顶点都有一个与其相连接的顶点的列表。这里采用由边的列表组成的列表，因此每个顶点都带有一个含有多条边的列表，顶点通过该列表展示了其与哪些顶点相连接。edges 就是这个由列表元素组成的列表。

下面展示了 Graph 类的剩余代码。可以看到，这些方法都很简短，大部分只有一行代码，方法命名也详细清晰。这样做使得 Graph 类中的内容易于理解和阅读，不过为了彻底消除误解，还是加上了简短的注释。

代码清单 4.3 Graph.java 续

```java
    // Number of vertices
    public int getVertexCount() {
        return vertices.size();
    }

    // Number of edges
    public int getEdgeCount() {
        return edges.stream().mapToInt(ArrayList::size).sum();
    }

    // Add a vertex to the graph and return its index
    public int addVertex(V vertex) {
        vertices.add(vertex);
        edges.add(new ArrayList<>());
        return getVertexCount() - 1;
    }

    // Find the vertex at a specific index
    public V vertexAt(int index) {
        return vertices.get(index);
    }
```

```java
    // Find the index of a vertex in the graph
    public int indexOf(V vertex) {
        return vertices.indexOf(vertex);
    }

    // Find the vertices that a vertex at some index is connected to
    public List<V> neighborsOf(int index) {
        return edges.get(index).stream()
                .map(edge -> vertexAt(edge.v))
                .collect(Collectors.toList());
    }

    // Look up a vertex's index and find its neighbors (convenience method)
    public List<V> neighborsOf(V vertex) {
        return neighborsOf(indexOf(vertex));
    }

    // Return all of the edges associated with a vertex at some index
    public List<E> edgesOf(int index) {
        return edges.get(index);
    }
    // Look up the index of a vertex and return its edges (convenience method)
    public List<E> edgesOf(V vertex) {
        return edgesOf(indexOf(vertex));
    }

    // Make it easy to pretty-print a Graph
    @Override
    public String toString() {
        StringBuilder sb = new StringBuilder();
        for (int i = 0; i < getVertexCount(); i++) {
            sb.append(vertexAt(i));
            sb.append(" -> ");
            sb.append(Arrays.toString(neighborsOf(i).toArray()));
            sb.append(System.lineSeparator());
        }
        return sb.toString();
    }
}
```

让我们回顾一下之前的内容，思考一下为什么这个类的大多数方法都有两个版本的实现。从该类的定义可以得知，vertices 是由类型为 V 的元素（它可以是任意 Java 类型）组成的列表。于是就可以把 V 类型的顶点存储在 vertices 列表中。而之后想要查找或操作这些顶点的话，就需要知道它们在该列表中的位置。因此每个顶点都会被分配一个整数索引。当我们想要知道顶点的索引时，就需要通过在 vertices 搜索该顶点来进行查找。这就是每种方法都有两个版本的原因。一个版本基于 int 索引来进行操作，另一个版本基于 V 自身来进行操作。基于 V 来操作的方法会先搜索其关联的索引，然后调用基于索引来进行操作的函数。因此，基于 V 的方法是一种快捷方法。

大多数方法都清晰明了，但是 neighborsOf() 方法需要做一些额外的解释。该方法会返回该顶点的所有相邻顶点。一个顶点的相邻顶点是指通过边直接相连的其他顶点。例如在图4.2中，New York和Washington是Philadelphia的所有相邻顶点。通过查看由某个顶点出发的所有边的末端（v），就能找到该顶点的所有相邻顶点：

```
public List<V> neighborsOf(int index) {
    return edges.get(index).stream()
            .map(edge -> vertexAt(edge.v))
            .collect(Collectors.toList());
}
```

edges.get(index)返回一个邻接表，即该索引所代表的顶点通过邻接表连接到其他顶点的边的列表。在传递给map()方法的流中，edge代表一个特定的边，edge.v代表该边所连接到的相邻节点的索引。map()会以顶点类型的集合返回所有顶点，而不是只返回这些顶点的索引。因为map()对每个edge.v都调用了vertexAt()方法。

我们现在通过抽象类Graph实现了图的基本功能，接着可以定义该抽象类的一个子类。除了无向图和有向图，图还可以是*无权图*或者*加权图*。加权图每条边都会关联一个可供比较的值，这种值通常为数字。在超级高铁网络中，权重可以被认为是站点之间的距离。但这里将只处理该问题的无权图。无权图的边只是用来连接两个顶点，因此在Edge类中没有定义权重。也就是说，在无权图中我们只知道哪些顶点相连，而在加权图中我们不仅知道哪些顶点相互连接，还知道关于这些连接的其他信息。UnweightedGraph类定义了无权图，其中每条边没有附加其他信息。它组合了Graph和我们之前定义的Edge类。

代码清单4.4 UnweightedGraph.java

```
package chapter4;

import java.util.List;

import chapter2.GenericSearch;
import chapter2.GenericSearch.Node;

public class UnweightedGraph<V> extends Graph<V, Edge> {

    public UnweightedGraph(List<V> vertices) {
        super(vertices);
    }

    // This is an undirected graph, so we always add
    // edges in both directions
    public void addEdge(Edge edge) {
        edges.get(edge.u).add(edge);
        edges.get(edge.v).add(edge.reversed());
    }

    // Add an edge using vertex indices (convenience method)
    public void addEdge(int u, int v) {
        addEdge(new Edge(u, v));
    }
```

```
    // Add an edge by looking up vertex indices (convenience method)
    public void addEdge(V first, V second) {
        addEdge(new Edge(indexOf(first), indexOf(second)));
    }
```

这里需要说明一下 addEdge() 的工作方式。addEdge() 首先将一条边添加到顶点 u 的邻接表中，接着将该条边反转，然后添加到顶点 v 的邻接表中。因为我们使用的是无向图，所以需要添加反转后的边。我们需要在两个方向上添加每条边，这代表 u 是 v 的相邻顶点，同样 v 也是 u 的相邻顶点。为了便于记忆，你可以把无向图看成双向的，这也说明可以在任意方向上遍历每条边。

```
public void addEdge(Edge edge) {
    edges.get(edge.u).add(edge);
    edges.get(edge.v).add(edge.reversed());
}
```

如前所述，本章只处理无向图。

使用边和无向图

现在我们有了 Edge 和 Graph 的具体实现，接下来就可以创建高铁网络了。cityGraph 中的顶点和边对应于图 4.2 所示的顶点和边。使用泛型，我们可以将顶点的类型定义为 String (UnweightedGraph<String>)。也就是说，变量 V 为 String 类型。

代码清单 4.5 UnweightedGraph.java 续

```
    public static void main(String[] args) {
        // Represents the 15 largest MSAs in the United States
        UnweightedGraph<String> cityGraph = new UnweightedGraph<>(
                List.of("Seattle", "San Francisco", "Los Angeles",
 "Riverside", "Phoenix", "Chicago", "Boston", "New York", "Atlanta",
 "Miami", "Dallas", "Houston", "Detroit", "Philadelphia", "Washington"));

        cityGraph.addEdge("Seattle", "Chicago");
        cityGraph.addEdge("Seattle", "San Francisco");
        cityGraph.addEdge("San Francisco", "Riverside");
        cityGraph.addEdge("San Francisco", "Los Angeles");
        cityGraph.addEdge("Los Angeles", "Riverside");
        cityGraph.addEdge("Los Angeles", "Phoenix");
        cityGraph.addEdge("Riverside", "Phoenix");
        cityGraph.addEdge("Riverside", "Chicago");
        cityGraph.addEdge("Phoenix", "Dallas");
        cityGraph.addEdge("Phoenix", "Houston");
        cityGraph.addEdge("Dallas", "Chicago");
        cityGraph.addEdge("Dallas", "Atlanta");
        cityGraph.addEdge("Dallas", "Houston");
        cityGraph.addEdge("Houston", "Atlanta");
        cityGraph.addEdge("Houston", "Miami");
        cityGraph.addEdge("Atlanta", "Chicago");
        cityGraph.addEdge("Atlanta", "Washington");
```

```
        cityGraph.addEdge("Atlanta", "Miami");
        cityGraph.addEdge("Miami", "Washington");
        cityGraph.addEdge("Chicago", "Detroit");
        cityGraph.addEdge("Detroit", "Boston");
        cityGraph.addEdge("Detroit", "Washington");
        cityGraph.addEdge("Detroit", "New York");
        cityGraph.addEdge("Boston", "New York");
        cityGraph.addEdge("New York", "Philadelphia");
        cityGraph.addEdge("Philadelphia", "Washington");
        System.out.println(cityGraph.toString());
    }
}
```

cityGraph 的顶点为 String 类型，并用都市统计区名来表示每个顶点。边在 cityGraph 中的添加顺序无关紧要。由于我们在实现 toString() 的时候使用了一种非常美观的打印图的方式，因此可以打印出非常漂亮的图。可以得到如下所示的输出内容：

```
Seattle -> [Chicago, San Francisco]
San Francisco -> [Seattle, Riverside, Los Angeles]
Los Angeles -> [San Francisco, Riverside, Phoenix]
Riverside -> [San Francisco, Los Angeles, Phoenix, Chicago]
Phoenix -> [Los Angeles, Riverside, Dallas, Houston]
Chicago -> [Seattle, Riverside, Dallas, Atlanta, Detroit]
Boston -> [Detroit, New York]
New York -> [Detroit, Boston, Philadelphia]
Atlanta -> [Dallas, Houston, Chicago, Washington, Miami]
Miami -> [Houston, Atlanta, Washington]
Dallas -> [Phoenix, Chicago, Atlanta, Houston]
Houston -> [Phoenix, Dallas, Atlanta, Miami]
Detroit -> [Chicago, Boston, Washington, New York]
Philadelphia -> [New York, Washington]
Washington -> [Atlanta, Miami, Detroit, Philadelphia]
```

4.3 查找最短路径

超级高铁的速度实在是太快了，如果想要对两个站点间的行进时间进行优化，站点间的距离可能就不如站点之间的跳数重要了。站点间的跳数指的是两个站点间需要经过多少个其他站点。因为在每个站点都会稍做停留，所以最好像坐飞机一样，途经的站点越少越好。

在图论中，连接两个顶点的所有边的集合被称为路径（path）。也就是说，路径是从一个顶点到另一个顶点的行进路线。在超级高铁网络中，一组路线（边）的集合代表从一个城市（顶点）到另一个城市（顶点）的路径。用图来解决的最常见的问题之一就是查找顶点间的最优路径。

我们可以使用由边依次连接起来的顶点列表来表示路径。这种描述方式就像是用不同的面来描述同一枚硬币一样，我们可以获取边的列表，然后找出并保留它们连接的顶点列表，最后移除这些边。在以下的简短示例中，我们将会找到连接超级高铁网络中两个城市的这种顶点列表。

重温广度优先搜索

在无权图中查找最短路径，就是要找到起止顶点间边数最少的路径。若要构建超级高铁网络，首先连接距离最远而人口密集的海滨城市可能会更有意义。这样就提出了一个问题：Boston 和 Miami 之间的最短路径是什么？

提示　本节假设你已经阅读了第 2 章。所以在继续之前，请确保你对第 2 章中的广度优先搜索内容已经有所了解。

幸运的是，我们已经有了一个能够寻找最短路径的算法，因此可以复用这个算法来求解该问题。第 2 章中介绍的广度优先搜索不仅可以用于迷宫问题，还可以用于图相关的问题。第 2 章中讨论的迷宫实际上也可以看作图。迷宫中的位置是顶点，从一个位置到另一个位置的移动是边。广度优先搜索可以在无权图中找到任意两个顶点之间的最短路径。

我们可以在 Graph 中复用第 2 章中实现的广度优先搜索，而且在复用时可以完全不做任何改动，这就是编写通用代码的强大之处！

回想一下，第 2 章中的 bfs() 需要 3 个参数：初始状态、用于判断是否到达目标位置的 Predicate（返回 boolean 类型值的函数）以及根据当前状态来查找后续状态的 Function。初始状态是由字符串“Boston”表示的顶点。lambda 表达式通过检查顶点是否等于“Miami”来判断是否到达目标站点。最后，可以用 Graph 中的 neighborsOf() 方法来生成后续顶点。

按照这个思路，我们可以在 UnweightedGraph.java 中的 main() 方法的末尾添加代码来寻找 cityGraph 中 Boston 到 Miami 的最短路径。

注意　在本章第一次定义 UnweightedGraph 的代码清单 4.4 中导入了本节所需要的依赖项，例如 chapter2.Generic Search 和 chapter2.genericSearch.Node。只有在 chapter4 包能够访问 chapter2 包时，才能导入这些依赖项。如果没有按这种方式配置开发环境的话，可以将 GenericSearch 类直接复制到 chapter4 包中，并移除导入语句。

代码清单 4.6　UnweightedGraph.java 续

```
        Node<String> bfsResult = GenericSearch.bfs("Boston",
                v -> v.equals("Miami"),
                cityGraph::neighborsOf);
        if (bfsResult == null) {
            System.out.println("No solution found using breadth-first search!");
```

```
} else {
    List<String> path = GenericSearch.nodeToPath(bfsResult);
    System.out.println("Path from Boston to Miami:");
    System.out.println(path);
}
```

输出结果如下所示：

```
Path from Boston to Miami:
[Boston, Detroit, Washington, Miami]
```

从 Boston 经 Detroit、Washington 到达 Miami，该路线包含 3 条边。从边数来看，这应该是从 Boston 到 Miami 的最短距离了。图 4.4 中展示了该路线。

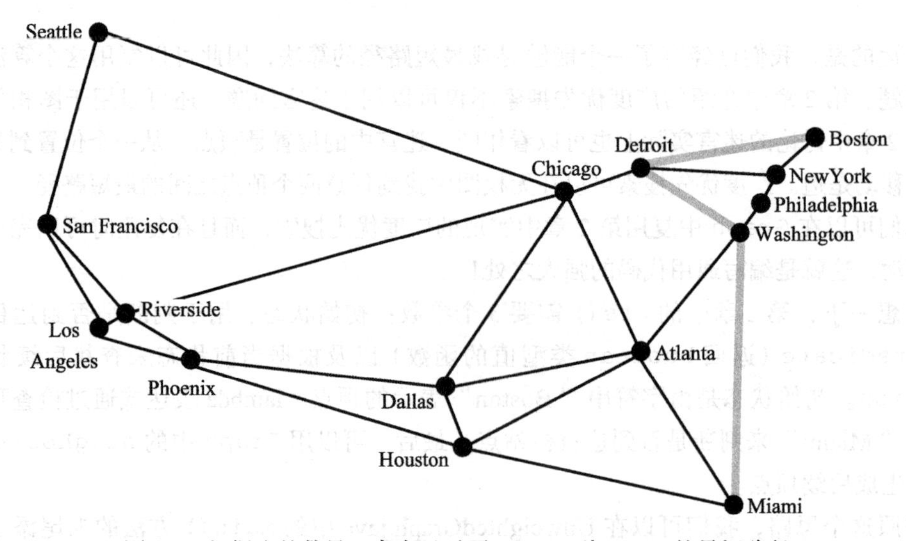

图 4.4 根据边的数量，高亮显示了 Boston 到 Miami 的最短路径

4.4 最小化网络构建成本

假设我们需要把 15 个最大的都市统计区都连接到超级高铁网络中，并且希望能最大限度地降低网络的铺设成本，也就是铺设最少的轨道。那么接下来的问题就是如何使用最少的轨道来连接这些都市统计区。

4.4.1 权重处理

想要得到建造某条边所需要的轨道数量，就需要知道这条边所表示的距离是多少。这里再次引入权重的概念。在超级高铁网络中，边的权重是两个都市统计区的距离。图 4.5 和图 4.2 之间的区别仅仅是图 4.5 给每条边加上了表示两顶点距离（以 mile 为单位）的权重。

为了处理权重，我们需要定义一个 `Edge` 类的子类 `WeightedEdge` 和一个 `Graph` 的子类 WeightedGraph。WeightedEdge 类包含一个 double 类型的变量；用来表示权重。之后介绍的 Jarník 算法可以用来确定两条边中哪条边的权重最低。使用数字类型的权重就很容易进行这样的比较。

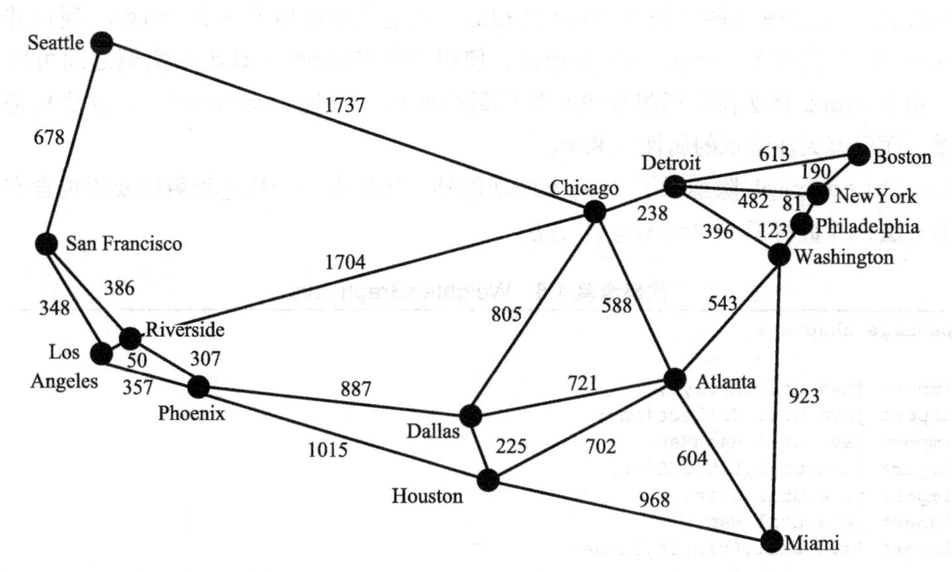

图 4.5 美国最大的 15 个都市统计区加权图，权重表示两个统计区之间的距离，单位为 mile

代码清单 4.7 WeightedEdge.java

```java
package chapter4;

public class WeightedEdge extends Edge implements Comparable<WeightedEdge> {
    public final double weight;

    public WeightedEdge(int u, int v, double weight) {
        super(u, v);
        this.weight = weight;
    }

    @Override
    public WeightedEdge reversed() {
        return new WeightedEdge(v, u, weight);
    }

    // so that we can order edges by weight to find the minimum weight edge
    @Override
    public int compareTo(WeightedEdge other) {
        Double mine = weight;
        Double theirs = other.weight;
        return mine.compareTo(theirs);
    }

    @Override
    public String toString() {
```

```
        return u + " " + weight + "> " + v;
    }
}
```

WeightedEdge 类的实现与 Edge 类相似。区别只是增加了一个 weight 属性并通过 compareTo() 实现了 Comparable 接口，使得两个 WeightedEdge 实例之间可以进行比较。由于 Jarník 算法需要通过权重来找到最小的边，因此 compareTo() 方法只是比较了权重，而没有关注继承的属性 u 和 v。

WeightedGraph 除继承了 Graph 的功能外，还拥有一个构造函数以及添加含有权重的边的方法，并重写了 toString() 方法。

代码清单 4.8　WeightedGraph.java

```java
package chapter4;

import java.util.Arrays;
import java.util.Collections;
import java.util.HashMap;
import java.util.LinkedList;
import java.util.List;
import java.util.Map;
import java.util.PriorityQueue;
import java.util.function.IntConsumer;

public class WeightedGraph<V> extends Graph<V, WeightedEdge> {

    public WeightedGraph(List<V> vertices) {
        super(vertices);
    }

    // This is an undirected graph, so we always add
    // edges in both directions
    public void addEdge(WeightedEdge edge) {
        edges.get(edge.u).add(edge);
        edges.get(edge.v).add(edge.reversed());
    }

    public void addEdge(int u, int v, float weight) {
        addEdge(new WeightedEdge(u, v, weight));
    }

    public void addEdge(V first, V second, float weight) {
        addEdge(indexOf(first), indexOf(second), weight);
    }

    // Make it easy to pretty-print a Graph
    @Override
    public String toString() {
        StringBuilder sb = new StringBuilder();
        for (int i = 0; i < getVertexCount(); i++) {
            sb.append(vertexAt(i));
```

```
            sb.append(" -> ");
            sb.append(Arrays.toString(edgesOf(i).stream()
                    .map(we -> "(" + vertexAt(we.v) + ", " + we.weight +
    ")").toArray()));
            sb.append(System.lineSeparator());
        }
        return sb.toString();
    }
```

接下来定义加权图。这里使用图 4.5 表示的加权图，命名为 cityGraph2。

代码清单 4.9 WeightedGraph.java 续

```
    public static void main(String[] args) {
        // Represents the 15 largest MSAs in the United States
        WeightedGraph<String> cityGraph2 = new WeightedGraph<>(
                List.of("Seattle", "San Francisco", "Los Angeles",
    "Riverside", "Phoenix", "Chicago", "Boston",
                        "New York", "Atlanta", "Miami", "Dallas", "Houston",
    "Detroit", "Philadelphia", "Washington"));

        cityGraph2.addEdge("Seattle", "Chicago", 1737);
        cityGraph2.addEdge("Seattle", "San Francisco", 678);
        cityGraph2.addEdge("San Francisco", "Riverside", 386);
        cityGraph2.addEdge("San Francisco", "Los Angeles", 348);
        cityGraph2.addEdge("Los Angeles", "Riverside", 50);
        cityGraph2.addEdge("Los Angeles", "Phoenix", 357);
        cityGraph2.addEdge("Riverside", "Phoenix", 307);
        cityGraph2.addEdge("Riverside", "Chicago", 1704);
        cityGraph2.addEdge("Phoenix", "Dallas", 887);
        cityGraph2.addEdge("Phoenix", "Houston", 1015);
        cityGraph2.addEdge("Dallas", "Chicago", 805);
        cityGraph2.addEdge("Dallas", "Atlanta", 721);
        cityGraph2.addEdge("Dallas", "Houston", 225);
        cityGraph2.addEdge("Houston", "Atlanta", 702);
        cityGraph2.addEdge("Houston", "Miami", 968);
        cityGraph2.addEdge("Atlanta", "Chicago", 588);
        cityGraph2.addEdge("Atlanta", "Washington", 543);
        cityGraph2.addEdge("Atlanta", "Miami", 604);
        cityGraph2.addEdge("Miami", "Washington", 923);
        cityGraph2.addEdge("Chicago", "Detroit", 238);
        cityGraph2.addEdge("Detroit", "Boston", 613);
        cityGraph2.addEdge("Detroit", "Washington", 396);
        cityGraph2.addEdge("Detroit", "New York", 482);
        cityGraph2.addEdge("Boston", "New York", 190);
        cityGraph2.addEdge("New York", "Philadelphia", 81);
        cityGraph2.addEdge("Philadelphia", "Washington", 123);

        System.out.println(cityGraph2);
    }
}
```

由于 WeightedGraph 类实现了 toString() 方法，因此我们可以打印出 cityGraph2。在输出的结果中可以看到每个顶点所连接的其他顶点以及这些连接的权重：

```
Seattle -> [(Chicago, 1737.0), (San Francisco, 678.0)]
San Francisco -> [(Seattle, 678.0), (Riverside, 386.0), (Los Angeles, 348.0)]
Los Angeles -> [(San Francisco, 348.0), (Riverside, 50.0), (Phoenix, 357.0)]
Riverside -> [(San Francisco, 386.0), (Los Angeles, 50.0), (Phoenix, 307.0),
     (Chicago, 1704.0)]
Phoenix -> [(Los Angeles, 357.0), (Riverside, 307.0), (Dallas, 887.0), (Houston,
     1015.0)]
Chicago -> [(Seattle, 1737.0), (Riverside, 1704.0), (Dallas, 805.0), (Atlanta,
     588.0), (Detroit, 238.0)]
Boston -> [(Detroit, 613.0), (New York, 190.0)]
New York -> [(Detroit, 482.0), (Boston, 190.0), (Philadelphia, 81.0)]
Atlanta -> [(Dallas, 721.0), (Houston, 702.0), (Chicago, 588.0), (Washington,
     543.0), (Miami, 604.0)]
Miami -> [(Houston, 968.0), (Atlanta, 604.0), (Washington, 923.0)]
Dallas -> [(Phoenix, 887.0), (Chicago, 805.0), (Atlanta, 721.0), (Houston,
     225.0)]
Houston -> [(Phoenix, 1015.0), (Dallas, 225.0), (Atlanta, 702.0), (Miami,
     968.0)]
Detroit -> [(Chicago, 238.0), (Boston, 613.0), (Washington, 396.0), (New York,
     482.0)]
Philadelphia -> [(New York, 81.0), (Washington, 123.0)]
Washington -> [(Atlanta, 543.0), (Miami, 923.0), (Detroit, 396.0),
     (Philadelphia, 123.0)]
```

4.4.2 查找最小生成树

树是一种特殊的图，树中任意两个顶点之间只有一条路径，这意味着树中没有*环路*。树有时也被称作*无环*。环路可以被看作一个循环：如果可以从一个顶点开始，在不重复经过任何边的情况下遍历整个图，最终回到开始的那个顶点，则称存在一条环路。任何不是树的图都可以通过修剪边来转换成树。图 4.6 演示了如何通过修剪边来把图转换成树。

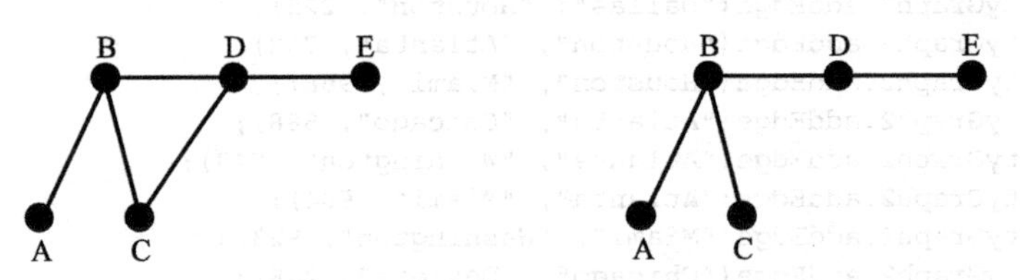

图 4.6 左图中顶点 B、C、D 之间存在环路，因此它不是树。右图中修剪掉了 C 和 D 之间的边，因此变成了树

连通图（connected graph）是指从图中任一顶点开始都能达到其他顶点的图。本章中的所有图都是连通图。*生成树*（spanning tree）是把图中所有顶点都连接起来的树。*最小生成树*是以最小权重（相比其他生成树而言）把加权图的每个顶点连接起来的树。对于每个加权图，我们都能高效地找到其最小生成树。

这里又冒出一大堆术语！关键是要了解“查找最小生成树”和“以权重最小的方式连接加权图中的所有顶点”是同一个意思。对于任何一个设计诸如交通网络、计算机网络等网络的人来说，“如何能以最小的成本连接网络中的每个节点？”是一个重要且实际的问题。

这里的成本可以是电线、轨道、道路或其他任何东西。例如，对于电话网络来说，这个问题等同于“连通全部电话机所需的最短线缆长度是多少?”

计算加权路径的总权重

在编写寻找最小生成树的方法之前，我们需要编写测试某个解的总权重的函数。最小生成树问题的解由组成该树的加权边列表构成。我们可以把加权路径定义为一个 WeightedEdge 类型的列表。定义一个 totalWeight() 方法，让它接收一个 WeightedEdge 类型的列表并且通过累加列表中所有边的权重的方式得到总权重并返回。这个方法和本章中的其他方法都会被添加到现有的 WeightedGraph 类中。

代码清单 4.10 WeightedGraph.java 续

```
public static double totalWeight(List<WeightedEdge> path) {
    return path.stream().mapToDouble(we -> we.weight).sum();
}
```

Jarník 算法

查找最小生成树的 Jarník 算法把图分成两部分：正在生成的最小生成树的顶点和尚未加入最小生成树的顶点。步骤如下：

1. 选择将要放置于最小生成树中的任一顶点。
2. 找到连通最小生成树与尚未加入树的顶点的权重最小的边。
3. 将权重最小的边的末端顶点添加到最小生成树中。
4. 重复第 2、3 步，直到图中所有顶点都放置于最小生成树中。

> **注意** Jarník 算法常被称为 Prim 算法。在 20 世纪 20 年代末，两位捷克数学家 Otakar Borůvka 和 Vojtěch Jarník 致力于最大限度地降低铺设电缆的成本，提出了解决最小生成树问题的算法。他们提出的算法在几十年后又被其他人“重新发现”[1]。

为了高效地运行 Jarník 算法，需要用到优先队列（关于优先队列的详细信息见第 2 章）。每次将一个新的顶点添加到最小生成树中时，所有连接到树外顶点的边都会被加入优先队列中。权重最小的边会最先被弹出优先队列，算法将持续运行直到优先队列为空。这确保了权重最小的边总是优先加入树中。如果被弹出的边与树中的已有顶点相连，则会被忽略。

下面的 mst() 方法的代码是 Jarník 算法的完整实现[2]，以及一个用于打印加权路径的函数。

---

[1] Helena Durnová, “Otakar Borůvka (1899–1995) and the Minimum Spanning Tree” (Institute of Mathematics of the Czech Academy of Sciences, 2006), http://mng.bz/O2vj.

[2] 受到 Robert Sedgewick 和 Kevin Wayne 的 *Algorithms, 4th ed.*（Addison-Wesley Professional，2011）第 619 页内容的启发。

警告 Jarník 算法不一定能在有向图中正常工作，它也不适用于非连通图。

代码清单 4.11 WeightedGraph.java 续

```
    public List<WeightedEdge> mst(int start) {
        LinkedList<WeightedEdge> result = new LinkedList<>(); // mst
        if (start < 0 || start > (getVertexCount() - 1)) {
            return result;
        }
        PriorityQueue<WeightedEdge> pq = new PriorityQueue<>();
        boolean[] visited = new boolean[getVertexCount()]; // seen it

        // this is like a "visit" inner function
        IntConsumer visit = index -> {
            visited[index] = true; // mark as visited
            for (WeightedEdge edge : edgesOf(index)) {
                // add all edges coming from here to pq
                if (!visited[edge.v]) {
                    pq.offer(edge);
                }
            }
        };

        visit.accept(start); // the start vertex is where we begin
        while (!pq.isEmpty()) { // keep going while there are edges
            WeightedEdge edge = pq.poll();
            if (visited[edge.v]) {
                continue; // don't ever revisit
            }
            // this is the current smallest, so add it to solution
            result.add(edge);
            visit.accept(edge.v); // visit where this connects
        }

        return result;
    }
    public void printWeightedPath(List<WeightedEdge> wp) {
        for (WeightedEdge edge : wp) {
            System.out.println(vertexAt(edge.u) + " "
            + edge.weight + "> " + vertexAt(edge.v));
        }
        System.out.println("Total Weight: " + totalWeight(wp));
    }
```

让我们逐行来看 mst() 中的代码：

```
public List<WeightedEdge> mst(int start) {
    LinkedList<WeightedEdge> result = new LinkedList<>(); // mst
    if (start < 0 || start > (getVertexCount() - 1)) {
        return result;
    }
```

该算法返回一个表示最小生成树的加权路径（List<WeightedEdge>）。如果参数

start 不合法，则 mst() 返回一个空的列表。随着权重最小的边不断被弹出以及图中新的区域被不断遍历，WeightedEdge 对象会不断被添加到 result 中，最终 result 会包含最小生成树的加权路径。

```
PriorityQueue<WeightedEdge> pq = new PriorityQueue<>();
boolean[] visited = new boolean[getVertexCount()]; // seen it
```

Jarník 算法总是选择权重最小的边，所以被视为一种贪心算法。pq 用于存储新发现的边并弹出权重第二小的边。visited 用于记录已经到过的顶点索引，它可通过 Set 来实现，类似于 bfs() 中的 explored。

```
IntConsumer visit = index -> {
    visited[index] = true; // mark as visited
    for (WeightedEdge edge : edgesOf(index)) {
        // add all edges coming from here to pq
        if (!visited[edge.v]) {
            pq.offer(edge);
        }
    }
};
```

visit 是一个内部函数，它将一个顶点标记为已访问，并把尚未访问过的顶点连接的边都加入 pq 中。visit 被定义为 IntConsumer 类型，它是仅有一个 int 类型参数的 Function。在本例中，int 类型参数是要访问的顶点索引。可以看到，邻接表可以使查找属于特定顶点的边变得非常容易。

```
visit.accept(start); // the start vertex is where we begin
```

accept() 是 IntConsumer 类型的方法，通过向它提供 int 类型参数来运行其关联的函数。除非图是非连通的，否则顶点的访问顺序并不重要。如果图是非连通的，即由多个不相连的部分组成，则 mst() 返回一个起始顶点所属的特定部分的图。

```
while (!pq.isEmpty()) { // keep going while there are edges
    WeightedEdge edge = pq.poll();
    if (visited[edge.v]) {
        continue; // don't ever revisit
    }
    // this is the current smallest, so add it to solution
    result.add(edge);
    visit.accept(edge.v); // visit where this connects
}

return result;
```

只要优先队列中还有边存在，我们就将它们弹出并检查它们是否会引出尚未加入树的顶点。因为优先队列是以升序排列的，所以会先弹出权重最小的边。这就确保了结果确实具有最小总权重。如果弹出的边不会引出未探索过的顶点，那么就会被忽略，否则，因为该条边是目前为止权重最小的边，所以会被添加到结果集中，并且对其引出的新顶点进行探索。

如果已经没有边可供探索，则返回结果。

最后回到使用最少的轨道来铺设超级高铁网络以连接美国 15 个最大的都市统计区的问题上。问题的答案就是 cityGraph2 的最小生成树所表明的路径。下面在 main() 中添加代码，在 cityGraph2 上运行 mst() 方法。

代码清单 4.12　WeightedGraph.java 续

```
List<WeightedEdge> mst = cityGraph2.mst(0);
cityGraph2.printWeightedPath(mst);
```

多亏了 printWeightedPath() 方法，打印出来的最小生成树非常容易阅读：

```
Seattle 678.0> San Francisco
San Francisco 348.0> Los Angeles
Los Angeles 50.0> Riverside
Riverside 307.0> Phoenix
Phoenix 887.0> Dallas
Dallas 225.0> Houston
Houston 702.0> Atlanta
Atlanta 543.0> Washington
Washington 123.0> Philadelphia
Philadelphia 81.0> New York
New York 190.0> Boston
Washington 396.0> Detroit
Detroit 238.0> Chicago
Atlanta 604.0> Miami
Total Weight: 5372.0
```

这是加权图中连通所有都市统计区的边长总距离最短的组合。连接所有这些都市统计区所需的最短轨道长度为 5372mile。图 4.7 展示了这个最小生成树。

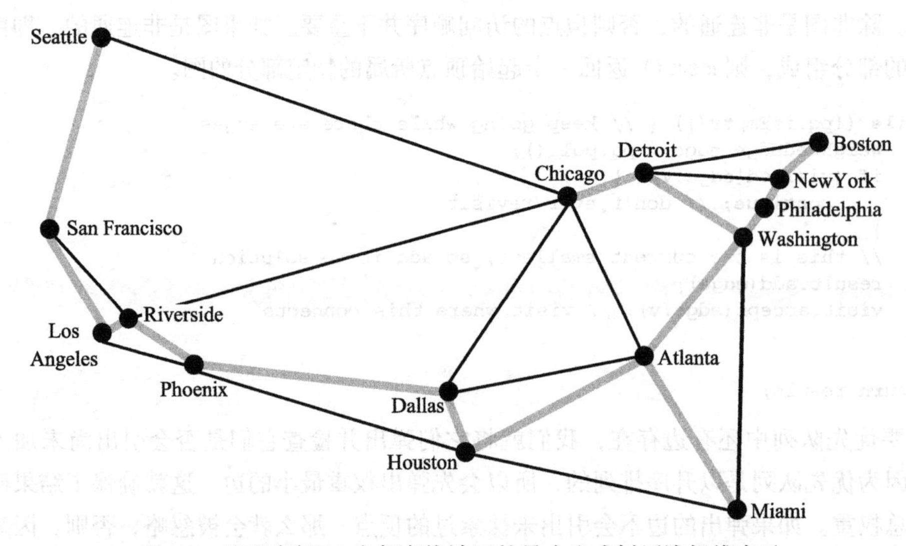

图 4.7　连通全部 15 个都市统计区的最小生成树用浅粗线表示

4.5 在加权图中查找最短路径

随着超级高铁网络的开建，建设方不可能一次就实现整个国家的连通。建设方可能希望最大限度地降低在主要城市之间铺设轨道的成本。将超级高铁网络延伸至某个城市的成本显然取决于从哪里开始修建。

计算从一个起点城市到另一个城市的成本属于“单源最短路径”问题。此问题可以描述为：在加权图中，从某个顶点到其他所有顶点的最短路径（边的总权重最小）是什么？

Dijkstra 算法

Dijkstra 算法可以解决单源最短路径问题。只要给定一个起始顶点，它就能返回抵达加权图中其他任一顶点的最小权重路径，同时还能返回从起始顶点到其他所有顶点的最小总权重。Dijkstra 算法从单源顶点开始，不断探索距离起始顶点最近的顶点，所以它与 Jarník 算法类似，也是一种贪心算法。当 Dijkstra 算法遇到新的顶点时，会记录新顶点与起始顶点之间的距离，并在找到更短路径时更新该距离值。它还会把到达每个顶点的边都记录下来。

下面是 Dijkstra 算法的步骤：

1. 将起始顶点加入优先队列。
2. 从优先队列中弹出距离最近的顶点（在开始的时候，该顶点是起始顶点），我们将其称为当前顶点。
3. 逐一查看连接到当前顶点的所有相邻顶点。如果这些顶点尚未被记录过或者到达这些顶点的边是新的最短路径，就逐个记录它们与起始顶点之间的距离以及产生该距离的边，并把新顶点加入优先队列。
4. 重复第 2、3 步，直到优先队列为空。
5. 返回起始顶点到其他所有顶点的最短距离和路径。

Dijkstra 算法代码中包含一个记录已经探索过的顶点相关成本的数据结构 `DijkstraNode`，以便用于比较。它类似于第 2 章中的 `Node` 类。代码中还包含一个用于对算法计算的距离和路径进行配对的类 `DijkstraResult`。最后，代码中还包含一些实用函数，用于将返回的距离数组转换为更易于按顶点查找的结构，以及用 `dijkstra()` 返回的路径字典所计算出的到指定目标顶点的最短路径。

言归正传，下面是 Dijkstra 算法的代码。之后我们会逐行讲解这些代码。所有代码都在 `WeightedGraph` 中。

代码清单 4.13 WeightedGraph.java 续

```java
    public static final class DijkstraNode implements
     Comparable<DijkstraNode> {
        public final int vertex;
        public final double distance;

        public DijkstraNode(int vertex, double distance) {
```

```
            this.vertex = vertex;
            this.distance = distance;
        }

        @Override
        public int compareTo(DijkstraNode other) {
            Double mine = distance;
            Double theirs = other.distance;
            return mine.compareTo(theirs);
        }
    }

    public static final class DijkstraResult {
        public final double[] distances;
        public final Map<Integer, WeightedEdge> pathMap;
        public DijkstraResult(double[] distances, Map<Integer, WeightedEdge>
 pathMap) {
            this.distances = distances;
            this.pathMap = pathMap;
        }
    }

    public DijkstraResult dijkstra(V root) {
        int first = indexOf(root); // find starting index
        // distances are unknown at first
        double[] distances = new double[getVertexCount()];
        distances[first] = 0; // root's distance to root is 0
        boolean[] visited = new boolean[getVertexCount()];
        visited[first] = true;
        // how we got to each vertex
        HashMap<Integer, WeightedEdge> pathMap = new HashMap<>();
        PriorityQueue<DijkstraNode> pq = new PriorityQueue<>();
        pq.offer(new DijkstraNode(first, 0));

        while (!pq.isEmpty()) {
            int u = pq.poll().vertex; // explore next closest vertex
            double distU = distances[u]; // should already have seen
            // look at every edge/vertex from the vertex in question
            for (WeightedEdge we : edgesOf(u)) {
                // the old distance to this vertex
                double distV = distances[we.v];
                // the new distance to this vertex
                double pathWeight = we.weight + distU;
                // new vertex or found shorter path?
                if (!visited[we.v] || (distV > pathWeight)) {
                    visited[we.v] = true;
                    // update the distance to this vertex
                    distances[we.v] = pathWeight;
                    // update the edge on the shortest path
                    pathMap.put(we.v, we);
                    // explore it in the future
                    pq.offer(new DijkstraNode(we.v, pathWeight));
                }
            }
        }
```

```
        return new DijkstraResult(distances, pathMap);
    }

    // Helper function to get easier access to dijkstra results
    public Map<V, Double> distanceArrayToDistanceMap(double[] distances) {
        HashMap<V, Double> distanceMap = new HashMap<>();
        for (int i = 0; i < distances.length; i++) {
            distanceMap.put(vertexAt(i), distances[i]);
        }
        return distanceMap;
    }

    // Takes a map of edges to reach each node and returns a list of
    // edges that goes from *start* to *end*
    public static List<WeightedEdge> pathMapToPath(int start, int end,
     Map<Integer, WeightedEdge> pathMap) {
        if (pathMap.size() == 0) {
            return List.of();
        }
        LinkedList<WeightedEdge> path = new LinkedList<>();
        WeightedEdge edge = pathMap.get(end);
        path.add(edge);
        while (edge.u != start) {
            edge = pathMap.get(edge.u);
            path.add(edge);
        }
        Collections.reverse(path);
        return path;
    }
```

dijkstra() 的前几行使用了我们熟悉的数据结构（除 distances 外）。distances 是从 root 到图中每个顶点的距离的占位符。起初所有这些距离都是 0，因为我们并不知道这些距离有多长，所以这正是要使用 Dijkstra 算法解决的问题！

```
    public DijkstraResult dijkstra(V root) {
        int first = indexOf(root); // find starting index
        // distances are unknown at first
        double[] distances = new double[getVertexCount()];
        distances[first] = 0; // root's distance to root is 0
        boolean[] visited = new boolean[getVertexCount()];
        visited[first] = true;
        // how we got to each vertex
        HashMap<Integer, WeightedEdge> pathMap = new HashMap<>();
        PriorityQueue<DijkstraNode> pq = new PriorityQueue<>();
        pq.offer(new DijkstraNode(first, 0));
```

第一个放入优先队列的顶点包括顶节点。

```
        while (!pq.isEmpty()) {
            int u = pq.poll().vertex; // explore next closest vertex
            double distU = distances[u]; // should already have seen
```

继续执行 Dijkstra 算法，直到优先队列为空。u 是我们正要搜索的当前顶点，distU 是已记录下来的沿着已知路径到达 u 的距离。当前探索过的每个顶点都是已经被找到的，因此它们必须带有已知的距离。

```
        // look at every edge/vertex from the vertex in question
        for (WeightedEdge we : edgesOf(u)) {
            // the old distance to this vertex
            double distV = distances[we.v];
            // the new distance to this vertex
            double pathWeight = we.weight + distU;
```

接下来，对连接到 u 的每条边进行探索。distV 是从 u 到任意已知与之相连的顶点的距离。pathWeight 是正在探索的新路径的距离。

```
            // new vertex or found shorter path?
            if (!visited[we.v] || (distV > pathWeight)) {
                visited[we.v] = true;
                // update the distance to this vertex
                distances[we.v] = pathWeight;
                // update the edge on the shortest path to this vertex
                pathMap.put(we.v, we);
                // explore it in the future
                pq.offer(new DijkstraNode(we.v, pathWeight));
            }
```

如果我们找到了一个尚未被探索的顶点（!visited[we.v]）或者一条新的最短路径（distV>pathWeight），就会记录到达 v 的新的最短距离和到达那里的边。最后，我们把新发现的路径所达到的顶点全部放入优先队列。

```
return new DijkstraResult(distances, pathMap);
```

dijkstra() 返回从根顶点到加权图中每个顶点的距离，以及能够揭示到达这些顶点的最短路径 pathMap。

现在，我们可以放心地运行 Dijkstra 算法了。先从 Los Angeles 开始测算到达图中其他所有都市统计区的距离，然后就可以找到 Los Angeles 和 Boston 之间的最短路径，最后使用 printWeightedPath() 打印出结果。接下来的代码可以放入 main() 中。

代码清单 4.14 WeightedGraph.java 续

```
    System.out.println(); // spacing

    DijkstraResult dijkstraResult = cityGraph2.dijkstra("Los Angeles");
    Map<String, Double> nameDistance =
         cityGraph2.distanceArrayToDistanceMap(dijkstraResult.distances);
    System.out.println("Distances from Los Angeles:");
    nameDistance.forEach((name, distance) -> System.out.println(name + " : " +
         distance));

    System.out.println(); // spacing

    System.out.println("Shortest path from Los Angeles to Boston:");
    List<WeightedEdge> path = pathMapToPath(cityGraph2.indexOf("Los Angeles"),
```

```
        cityGraph2.indexOf("Boston"), dijkstraResult.pathMap);
    cityGraph2.printWeightedPath(path);
```

输出的结果如下所示：

```
Distances from Los Angeles:
New York : 2474.0
Detroit : 1992.0
Seattle : 1026.0
Chicago : 1754.0
Washington : 2388.0
Miami : 2340.0
San Francisco : 348.0
Atlanta : 1965.0
Phoenix : 357.0
Los Angeles : 0.0
Dallas : 1244.0
Philadelphia : 2511.0
Riverside : 50.0
Boston : 2605.0
Houston : 1372.0

Shortest path from Los Angeles to Boston:
Los Angeles 50.0> Riverside
Riverside 1704.0> Chicago
Chicago 238.0> Detroit
Detroit 613.0> Boston
Total Weight: 2605.0
```

或许大家已经注意到了，Dijkstra算法与Jarník算法有一些相似之处。它们都是贪心算法，如果你有兴趣的话，完全可以用相似的代码去实现它们。另一个与Dijkstra算法类似的算法是第2章中介绍过的A*算法。A*算法可以看作对Dijkstra算法的一种改进。它加入启发式信息并将Dijkstra算法限定为查找单个目标，这两种算法是相同的。

注意 Dijkstra算法是为正权重的图设计的。权重为负数的图对Dijkstra算法来说是一个挑战，需要对算法进行修改，甚至换用别的算法。

4.6 实际应用

现实世界中有大量问题都可以用图来表示。本章介绍了如何用图来高效地解决交通网络问题，很多其他类型的网络——电话网络、计算机网络和公用事业（电力、供水等）网络——都有同样重要的优化问题。因此，图算法对于提高电信、航运、交通和公用事业行业的效率至关重要。

零售商需要处理复杂的配送问题。商店和仓库可被视作顶点，它们之间的距离可被视作边。该问题使用的算法是一样的。互联网本身就是一个巨大的图，每个联网的设备都是一个顶点，每个有线或无线连接都是一条边。最小生成树和最短路径问题的求解方案不仅可以用于游戏，而且对于企业节省燃料或者电缆也同样适用。一些世界著名品牌企业通过优化图问题的解法而获得了成功，例如，沃尔玛构建了一个高效的配送网络，谷歌为整个互联网（一张巨大的图）建立了索引，联邦快递找到了一系列能够连通世界所有地址的中转枢纽。

图算法的一些显而易见的应用是社交网络和地图。在社交网络中，人就是顶点，而人和人的关系（例如Facebook[⊖]的朋友圈）就是边。事实上，Facebook的著名开发者工具之一就是Graph API（https://developers.facebook.com/docs/graph-api）。在Apple Maps和Google Maps等地图应用中，图算法用于指明方向和计算行程所需的时间。

有一些流行的视频游戏也明确用到了图算法。Mini-Metro和Ticket to Ride就是与本章所解问题密切相关的两个游戏示例。

4.7 习题

1. 请给图的框架代码添加边和顶点的移除功能。
2. 请给图的框架代码添加对有向图的支持功能。
3. 用本章的图框架证明或反驳经典的柯尼斯堡七桥（Seven Bridges of Königsberg）问题。

⊖ 已更名为Meta。——编辑注

第5章 Chapter 5

遗传算法

日常的编程问题不会用到遗传算法。当传统算法不足以在合理的时间内找到问题的解时，不妨试一下遗传算法。换句话说，遗传算法通常用于处理无法使用简单解法来解决的复杂问题。如果要了解这些复杂的问题，可以提前阅读5.7节。一个有趣的例子是蛋白质配体停靠和药物设计。计算生物学家需要设计出能够与受体结合的分子，以便生成药物。设计一个特定的分子可能没有明确的算法，但正如你将看到的，在除目标问题的定义之外没有太多方向的情况下，有时候可以使用遗传算法得到一个解。

5.1 生物学背景

在生物学中，进化论解释了基因突变如何与环境约束相结合导致生物随时间的推移而发生变化（包括物种形成——新物种的产生）。适应能力强的生物得以生存而适应能力弱的生物走向灭亡的机制被称为自然选择。物种的每一代都包含特性（有时是新特性）差异的个体，这些差异特性是通过基因突变产生的。所有的个体都为了生存而竞争有限的资源，而且由于个体数量多于供给的资源，因此某些个体必然会死亡。

个体如果发生了能够使其更好地适应生存环境的突变行为，就会有更高的生存和繁殖概率。随着时间的推移，在环境中适应得更好的个体会有更多的后代，并将其突变基因遗传给后代。因此，有利于生存的突变很可能最终在种群中发展壮大。

例如，如果细菌能被某种抗生素杀死，而种群中的某个细菌的基因发生突变，使其对抗生素更具有抗性，则它更有可能存活并繁殖下去。如果随着时间的推移持续使用抗生素，那么继承了抗生素抗性基因的后代也将更有可能存活并拥有自己的后代，最终整个种群都可能带有抗性基因，因为抗生素的持续攻击会杀死没有突变的个体。抗生素不会导致突变的发展，但会导致突变个体的增殖。

自然选择理论已被应用于生物学以外的领域。社会达尔文主义（Social Darwinism）就是应用于社会学理论领域的自然选择。在计算机科学中，遗传算法是对自然选择的模拟，用来应对计算科学领域的挑战。

遗传算法包含了名为*染色体*（chromosome）的个体组成的*种群*。每条染色体都由指定特性的特定*基因*组成，染色体之间会相互竞争以解决一些问题。染色体解决问题的能力由*适应度函数*（fitness function）决定。

遗传算法要经历很多代。在每一代中，适应力较强的染色体更有可能被*选中*进行繁殖。每一代中两条染色体的基因也有可能合并，这被称为*交换*（crossover）。此外，每一代染色体上的基因都有可能发生*突变*（mutate）。

在种群中某个个体的适应度函数超过某个指定的阈值，或者算法运行了指定数量的代数之后，将会返回表现最佳的个体（适应度函数得分最高的个体）。

遗传算法并不是解决所有问题的好办法。它们依赖三个部分或完全*随机*的操作：选择、交换和突变。因此，它们可能无法在合理的时间内找到最优解。对于大多数问题来说，更具确定性的算法会更有保证，但是有些问题不存在快速的确定性算法，在这种情况下，遗传算法就是一个不错的选择。

5.2 通用遗传算法

遗传算法通常是高度专用的，需要针对特定应用进行调优。在本章中，我们将定义一个通用遗传算法，该算法可以用于多种问题，但未针对任意一类问题进行专门的调优。虽然，它会包含一些可配置的选项，但其目标仍是演示算法的基本原理而不是其可调性。

首先，定义一个接口，以便定义该通用算法能够操作的个体。抽象类 `Chromosome`（染色体）定义了五个基本特性。一条染色体必须能够：

- 确定自己的适应度。
- 实现交换（让自身与另一个相同类型合并以创建后代）——换句话说，将自身与另一个染色体混合。
- 突变——让自身体内数据发生相当随机的小变化。
- 自我复制。
- 将自身与同类型的其他染色体进行比较。

下面是实现了上述五个特性的 `Chromosome` 代码。

代码清单 5.1 Chromosome.java

```
package chapter5;
```

```java
import java.util.List;

public abstract class Chromosome<T extends Chromosome<T>> implements
     Comparable<T> {
    public abstract double fitness();

    public abstract List<T> crossover(T other);

    public abstract void mutate();

    public abstract T copy();

    @Override
    public int compareTo(T other) {
        Double mine = this.fitness();
        Double theirs = other.fitness();
        return mine.compareTo(theirs);
    }
}
```

注意 需要注意的是，我们会把泛型类型 T 与 Chromosome 进行绑定（Chromosome<T extends Chromosome<T>>）。这意味着任何填入 T 类型变量的对象都必须是 Chromosome 的子类。这对 crossover()、copy() 和 compareTo() 方法很有帮助，因为我们希望这些方法的实现与相同类型的其他染色体相关联。

算法本身（操作染色体的代码）将被实现为一个泛型类，以便将来能够为专用的应用程序自由地实现子类化。在此之前，我们先回顾一下本章开始时对遗传算法的描述，并明确定义遗传算法所采取的步骤：

1. 创建随机染色体的初始种群，作为算法的第一代数据。
2. 测量这一代种群中每条染色体的适应度。如果有超过阈值的就将其返回，算法结束。
3. 选择一些个体进行繁殖，适应度最高的个体被选中的概率更大。
4. 某些被选中的染色体以一定的概率进行交换（结合），产生代表下一代种群的后代。
5. 通常某些染色体发生突变的概率比较小。新一代的种群已经创建完成，并取代了上一代的种群。
6. 返回步骤 2 继续执行，直到代的数量达到最大值，然后返回当前找到的最优染色体。

以上对遗传算法的概述（见图 5.1）缺少很多重要的细节。种群中应该包含多少染色体？停止算法的阈值是多少？如何选择染色体进行繁殖？它们该以多大的概率以及如何进行结合（交换）？突变发生的概率是多少？应该运行多少代？

所有这些关键点都可以在 GeneticAlgorithm 类中进行配置。我们将逐个进行定义，以便分别进行讨论。

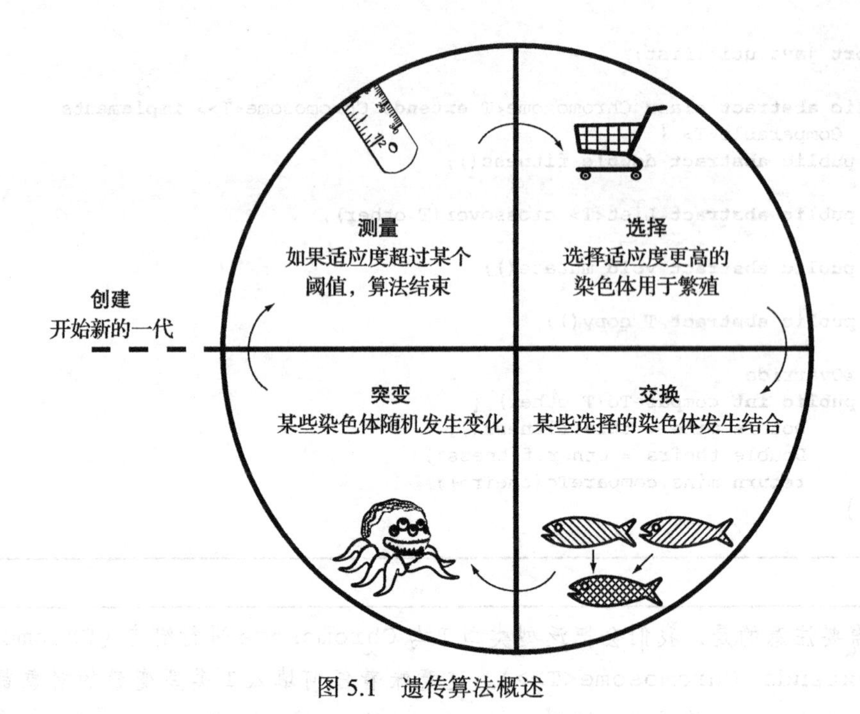

图 5.1 遗传算法概述

代码清单 5.2 GeneticAlgorithm.java

```
package chapter5;

import java.util.ArrayList;
import java.util.Collections;
import java.util.List;
import java.util.Random;

public class GeneticAlgorithm<C extends Chromosome<C>> {

    public enum SelectionType {
        ROULETTE, TOURNAMENT;
    }
```

GeneticAlgorithm的参数名为C，是符合Chromosome类的泛型类型。枚举SelectionType是一个内部类型，用于指定算法使用的选择方法。最常见的两种遗传算法的选择方法称为**轮盘式选择法**（roulette-wheel selection）和**锦标赛选择法**（tournament selection），轮盘式选择法有时也称为**适应度比例选择法**（fitness proportionate selection）。轮盘式选择法让每条染色体都有机会被选中，与其适应度成正比。在锦标赛选择法中，一定数量的随机染色体会互相挑战，适应度最佳的那个染色体将会被选中。

代码清单 5.3 GeneticAlgorithm.java 续

```
    private ArrayList<C> population;
    private double mutationChance;
```

```java
    private double crossoverChance;
    private SelectionType selectionType;
    private Random random;

    public GeneticAlgorithm(List<C> initialPopulation, double mutationChance,
     double crossoverChance, SelectionType selectionType) {
        this.population = new ArrayList<>(initialPopulation);
        this.mutationChance = mutationChance;
        this.crossoverChance = crossoverChance;
        this.selectionType = selectionType;
        this.random = new Random();
    }
```

以上构造函数定义了在创建时配置的遗传算法的属性。initialPopulation 是算法第一代中的染色体。mutationChance 是每一代中每条染色体突变的概率，crossoverChance 是被选中繁殖的双亲生育出带有它们的混合基因的后代的概率，若无混合基因的后代，则后代只是其双亲的副本。最后，selectionType 是要使用的选择方法的类型，由枚举 selectionType 描述。

在本章后面的示例中，population 是使用一组随机染色体初始化的。换句话说，第一代染色体只是一群随机的个体。更复杂的遗传算法可以对此做出优化。通过对问题进行一些了解，第一代可以包含更接近于解的个体，而不是从纯粹随机的个体开始，这被称为播种(seeding)。

下面将介绍本类支持的两种选择方法。

代码清单 5.4 GeneticAlgorithm.java 续

```java
    // Use the probability distribution wheel to pick numPicks individuals
    private List<C> pickRoulette(double[] wheel, int numPicks) {
        List<C> picks = new ArrayList<>();
        for (int i = 0; i < numPicks; i++) {
            double pick = random.nextDouble();
            for (int j = 0; j < wheel.length; j++) {
                pick -= wheel[j];
                if (pick <= 0) { // went "over", leads to a pick
                    picks.add(population.get(j));
                    break;
                }
            }
        }
        return picks;
    }
```

轮盘式选择法基于每条染色体的适应度占同一代中所有适应度之和的比例进行选择。适应度最高的染色体被选中的概率会更大。代表每条染色体适应度的值由参数 wheel 给出。这些百分比由 0 ～ 1 之间的浮点数表示。用一个 0 ～ 1 之间的随机数 pick 即可算出应该选择哪一条染色体。依次使 pick 减去每条染色体的相对适应度，本算法即能正常工作。当 pick 小于 0 时，就遇到了要选择的染色体。

你知道为什么根据适应度的比例选择每条染色体吗？如果没有搞清楚的话，请拿出笔和纸，画出一个表示比例的轮盘，如图 5.2 所示。

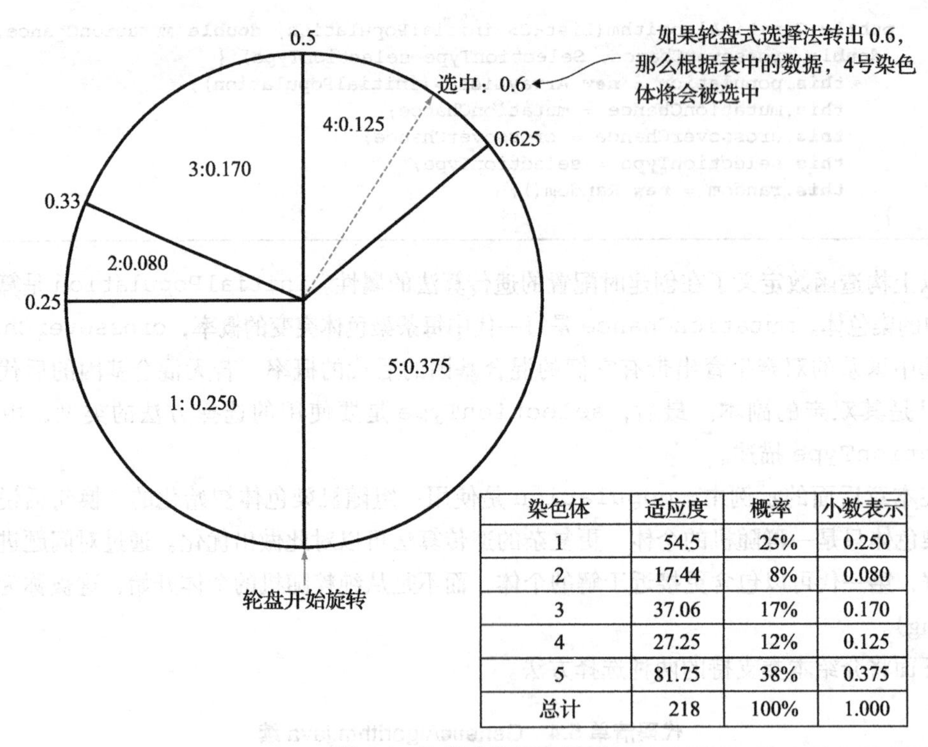

染色体	适应度	概率	小数表示
1	54.5	25%	0.250
2	17.44	8%	0.080
3	37.06	17%	0.170
4	27.25	12%	0.125
5	81.75	38%	0.375
总计	218	100%	1.000

图 5.2 轮盘式选择法示例

最基本的锦标赛选择法要比轮盘式选择法简单。它不需要计算比例，只需要随机从整个种群中选出 numParticipants 条染色体即可。这些随机选出的染色体中，适应度最佳的 numPicks 条染色体将会胜出。

代码清单 5.5 GeneticAlgorithm.java 续

```
    // Pick a certain number of individuals via a tournament
    private List<C> pickTournament(int numParticipants, int numPicks) {
        // Find numParticipants random participants to be in the tournament
        Collections.shuffle(population);
        List<C> tournament = population.subList(0, numParticipants);
        // Find the numPicks highest fitnesses in the tournament
        Collections.sort(tournament, Collections.reverseOrder());
        return tournament.subList(0, numPicks);
    }
```

pickTournament() 首先使用 shuffle() 来打乱种群顺序，然后从中获取第一组 numParticipants。这是一种随机获得 numParticipants 条染色体的简单方法。接下来，它根据适应度对参与的染色体进行排序，并返回 numPicks 条最适合的染色体。

numParticipants应该取多大值合适呢？与遗传算法中的许多参数一样，不断试错可能是确定它的最佳方法。需要注意的是，锦标赛选择法中参赛者越多，种群的多样性就会越小，因为适应度较低的染色体将更有可能在竞争中被淘汰[⊖]。更复杂一些的锦标赛选择法可能不会选取最强的那些个体，而是基于某种递减概率模型选取第2强或第3强的个体。

pickRoulette()和pickTournament()这两个方法都可以用于在繁殖期间做出选择。reproduceAndReplace()不仅实现了繁殖过程，还负责确保用包含等量染色体的新种群替换上一代的染色体。

代码清单5.6 GeneticAlgorithm.java 续

```
    // Replace the population with a new generation of individuals
    private void reproduceAndReplace() {
        ArrayList<C> nextPopulation = new ArrayList<>();
        // keep going until we've filled the new generation
        while (nextPopulation.size() < population.size()) {
            // pick the two parents
            List<C> parents;
            if (selectionType == SelectionType.ROULETTE) {
                // create the probability distribution wheel
                double totalFitness = population.stream()
                        .mapToDouble(C::fitness).sum();
                double[] wheel = population.stream()
                        .mapToDouble(C -> C.fitness()
                            / totalFitness).toArray();
                parents = pickRoulette(wheel, 2);
            } else { // tournament
                parents = pickTournament(population.size() / 2, 2);
            }
            // potentially crossover the 2 parents
            if (random.nextDouble() < crossoverChance) {
                C parent1 = parents.get(0);
                C parent2 = parents.get(1);
                nextPopulation.addAll(parent1.crossover(parent2));
            } else { // just add the two parents
                nextPopulation.addAll(parents);
            }
        }
        // if we have an odd number, we'll have 1 extra, so we remove it
        if (nextPopulation.size() > population.size()) {
            nextPopulation.remove(0);
        }
        // replace the reference/generation
        population = nextPopulation;
    }
```

reproduceAndReplace()大致实现了以下步骤：

1. 用两种选择法之一选出两条名为parents的染色体，以进行繁殖。若采用锦标赛选

⊖ Artem Sokolov and Darrell Whitley, “Unbiased Tournament Selection,” GECCO'05 (June 25-29, 2005, Washington, D.C., U.S.A.), http://mng.bz/S7l6.

择法，则始终在整个种群的半数个体中进行竞赛，不过这是一个可配置的选项。

2. 双亲染色体以一定概率结合（crossoverChance）并产生两条新的染色体，这些新的染色体会被添加到 nextPopulation 中。如果没有后代，则把 parents 直接加入 nextPopulation 中。
3. 如果 nextPopulation 拥有和 population 一样多的染色体，那么 nextPopulation 就会替换 population。否则，返回第 1 步。

实现突变的方法 mutate() 非常简单，突变的细节留给单条染色体去实现。

代码清单 5.7 GeneticAlgorithm.java 续

```
    // With mutationChance probability, mutate each individual
    private void mutate() {
        for (C individual : population) {
            if (random.nextDouble() < mutationChance) {
                individual.mutate();
            }
        }
    }
```

现在已经有了运行遗传算法所需的所有组成部分。run() 负责协同测算、繁殖（包括选择）和突变等步骤，将种群从一代传到下一代。它还会在搜索过程中随时记录找到的最佳（适应度最强）染色体。

代码清单 5.8 GeneticAlgorithm.java 续

```
    // Run the genetic algorithm for maxGenerations iterations
    // and return the best individual found
    public C run(int maxGenerations, double threshold) {
        C best = Collections.max(population).copy();
        for (int generation = 0; generation < maxGenerations; generation++) {
            // early exit if we beat threshold
            if (best.fitness() >= threshold) {
                return best;
            }
            // Debug printout
            System.out.println("Generation " + generation +
                    " Best " + best.fitness() +
                    " Avg " + population.stream()
                .mapToDouble(C::fitness).average().orElse(0.0));
            reproduceAndReplace();
            mutate();
            C highest = Collections.max(population);
            if (highest.fitness() > best.fitness()) {
                best = highest.copy();
            }
        }
        return best;
    }
}
```

best用来存储到目前为止发现的最佳染色体。主循环最多执行maxGenerations次。只要有染色体的适应度超过threshold，就会返回该染色体，循环也就结束运行；否则就会调用reproduceAndReplace()和mutate()来创建下一代并再次运行循环。如果循环次数达到maxGenerations，则返回目前为止找到的最佳染色体。

5.3 简单测试

通用遗传算法GeneticAlgorithm适用于任何实现了Chromosome的类型。先来实现一个可以用传统方法轻松求解的简单问题作为测试，我们尽量让算式 $6x - x^2 + 4y - y^2$ 的值最大化。也就是说，算式中 x 和 y 取什么值能使该算式产生最大值？

通过用微积分求偏导数并将其设为零，可以找到最大值。结果是 $x = 3$，$y = 2$。本章中的遗传算法能在不使用微积分的情况下得到同样的结果吗？下面将做深入的研究。

代码清单 5.9 SimpleEquation.java

```java
package chapter5;

import java.util.ArrayList;
import java.util.List;
import java.util.Random;

public class SimpleEquation extends Chromosome<SimpleEquation> {
    private int x, y;

    private static final int MAX_START = 100;

    public SimpleEquation(int x, int y) {
        this.x = x;
        this.y = y;
    }

    public static SimpleEquation randomInstance() {
        Random random = new Random();
        return new SimpleEquation(random.nextInt(MAX_START),
  random.nextInt(MAX_START));
    }

    // 6x - x^2 + 4y - y^2
    @Override
    public double fitness() {
        return 6 * x - x * x + 4 * y - y * y;
    }

    @Override
    public List<SimpleEquation> crossover(SimpleEquation other) {
        SimpleEquation child1 = new SimpleEquation(x, other.y);
        SimpleEquation child2 = new SimpleEquation(other.x, y);
        return List.of(child1, child2);
```

```
    }

    @Override
    public void mutate() {
        Random random = new Random();
        if (random.nextDouble() > 0.5) { // mutate x
            if (random.nextDouble() > 0.5) {
                x += 1;
            } else {
                x -= 1;
            }
        } else { // otherwise mutate y
            if (random.nextDouble() > 0.5) {
                y += 1;
            } else {
                y -= 1;
            }
        }

    }

    @Override
    public SimpleEquation copy() {
        return new SimpleEquation(x, y);
    }

    @Override
    public String toString() {
        return "X: " + x + " Y: " + y + " Fitness: " + fitness();
    }
```

SimpleEquation符合Chromosome的特征，正如其名，它非常简单。我们可以将SimpleEquation的x和y视为染色体基因，fitness()使用方程$6x - x^2 + 4y - y^2$来评估x和y。根据遗传算法，值越大，个体染色体越适合。在随机实例的情况下，x和y最初设置为0和100之间的随机整数，因此randomInstance()除了使用这些值实例化一个新的SimpleEquation之外不需要做任何事情。crossover()将一个SimpleEquation与另一个组合，只需交换两个实例的y值即可创建两个后代。mutate()随机增加或减少x或y。

因为SimpleEquation符合Chromosome的特征，所以现在我们可以将它放入GeneticAlgorithm中了。

代码清单5.10　SimpleEquation.java续

```
    public static void main(String[] args) {
        ArrayList<SimpleEquation> initialPopulation = new ArrayList<>();
        final int POPULATION_SIZE = 20;
        final int GENERATIONS = 100;
        final double THRESHOLD = 13.0;
        for (int i = 0; i < POPULATION_SIZE; i++) {
            initialPopulation.add(SimpleEquation.randomInstance());
```

```
        }
        GeneticAlgorithm<SimpleEquation> ga = new GeneticAlgorithm<>(
                initialPopulation,
                0.1, 0.7, GeneticAlgorithm.SelectionType.TOURNAMENT);
        SimpleEquation result = ga.run(100, 13.0);
        System.out.println(GENERATIONS, THRESHOLD);
    }

}
```

这里使用的参数是通过猜测和检查得到的，不妨试试其他值。因为正确答案已知，所以阈值（threshold）设置为13.0。当$x = 3$，$y = 2$时，方程等于13。

如果事先不知道答案，那么或许要经过很多代才能找到最优解。在这种情况下，阈值设置为任意数字。请记住，因为遗传算法是随机的，所以每次运行都是不同的。

下面是某次运行后的输出示例，遗传算法在第七代中求得了算式的解：

```
Generation 0 Best -72.0 Avg -4436.95
Generation 1 Best 9.0 Avg -579.0
Generation 2 Best 9.0 Avg -38.15
Generation 3 Best 12.0 Avg 9.0
Generation 4 Best 12.0 Avg 9.2
Generation 5 Best 12.0 Avg 11.25
Generation 6 Best 12.0 Avg 11.95
X: 3 Y: 2 Fitness: 13.0
```

如上所述，它输出了用微积分推导出的正确解，即x=3，y=2。值得注意的是，每一代执行结果都更接近正确答案。

考虑到遗传算法比其他方法需要更多的计算能力来寻找解。在现实世界中，这样一个简单的最大化问题并不适合使用遗传算法。但它的简单实现至少足以证明遗传算法是可行的。

5.4 回顾字谜问题

在第3章中，我们使用约束满足问题的框架解决了经典的加密算法问题SEND + MORE = MONEY。该问题也可以使用遗传算法在合理的时间内解决。

要表达清楚遗传算法求解方案要解决的问题，最大的困难之一就是确定问题的表示形式。加密算法问题的一种便捷的表示方法是将列表索引作为数字[⊖]。因此，为了表示10个可能的数字（0、1、2、3、4、5、6、7、8、9），需要一个包含10个元素的列表。问题中待查找的字符可以在不同位置上相互调换。例如，如果怀疑问题的解包含代表数字4的字符

⊖ Reza Abbasian and Masoud Mazloom, "Solving Cryptarithmetic Problems Using Parallel Genetic Algorithm," 2009 Second International Conference on Computer and Electrical Engineering, http://mng.bz/RQ7V.

“E”，则列表中的位置4将包含“E”。SEND+MORE=MONEY有8个不同的字母（S、E、N、D、M、O、R、Y），于是列表中会留下2个空位。我们可以在空位中填入空格，表示此处没有字母。

表示SEND+MORE=MONEY问题的染色体用SendMoreMoney2表示。请注意，fitness()方法与第3章SendMoreMoneyConstraint中的satisfied()方法非常相似。

代码清单5.11　SendMoreMoney2.java

```
package chapter5;

import java.util.ArrayList;
import java.util.Collections;
import java.util.List;
import java.util.Random;

public class SendMoreMoney2 extends Chromosome<SendMoreMoney2> {

    private List<Character> letters;
    private Random random;

    public SendMoreMoney2(List<Character> letters) {
        this.letters = letters;
        random = new Random();
    }

    public static SendMoreMoney2 randomInstance() {
        List<Character> letters = new ArrayList<>(
                List.of('S', 'E', 'N', 'D', 'M', 'O', 'R', 'Y', ' ', ' '));
        Collections.shuffle(letters);
        return new SendMoreMoney2(letters);
    }

    @Override
    public double fitness() {
        int s = letters.indexOf('S');
        int e = letters.indexOf('E');
        int n = letters.indexOf('N');
        int d = letters.indexOf('D');
        int m = letters.indexOf('M');
        int o = letters.indexOf('O');
        int r = letters.indexOf('R');
        int y = letters.indexOf('Y');
        int send = s * 1000 + e * 100 + n * 10 + d;
        int more = m * 1000 + o * 100 + r * 10 + e;
        int money = m * 10000 + o * 1000 + n * 100 + e * 10 + y;
        int difference = Math.abs(money - (send + more));
        return 1.0 / (difference + 1.0);
    }

    @Override
    public List<SendMoreMoney2> crossover(SendMoreMoney2 other) {
        SendMoreMoney2 child1 = new SendMoreMoney2(new ArrayList<>(letters));
```

```
        SendMoreMoney2 child2 = new SendMoreMoney2(new
    ArrayList<>(other.letters));
        int idx1 = random.nextInt(letters.size());
        int idx2 = random.nextInt(other.letters.size());
        Character l1 = letters.get(idx1);
        Character l2 = other.letters.get(idx2);
        int idx3 = letters.indexOf(l2);
        int idx4 = other.letters.indexOf(l1);
        Collections.swap(child1.letters, idx1, idx3);
        Collections.swap(child2.letters, idx2, idx4);
        return List.of(child1, child2);
    }

    @Override
    public void mutate() {
        int idx1 = random.nextInt(letters.size());
        int idx2 = random.nextInt(letters.size());
        Collections.swap(letters, idx1, idx2);
    }

    @Override
    public SendMoreMoney2 copy() {
        return new SendMoreMoney2(new ArrayList<>(letters));
    }

    @Override
    public String toString() {
        int s = letters.indexOf('S');
        int e = letters.indexOf('E');
        int n = letters.indexOf('N');
        int d = letters.indexOf('D');
        int m = letters.indexOf('M');
        int o = letters.indexOf('O');
        int r = letters.indexOf('R');
        int y = letters.indexOf('Y');
        int send = s * 1000 + e * 100 + n * 10 + d;
        int more = m * 1000 + o * 100 + r * 10 + e;
        int money = m * 10000 + o * 1000 + n * 100 + e * 10 + y;
        int difference = Math.abs(money - (send + more));
        return (send + " + " + more + " = " + money + " Difference: " +
    difference);
    }
```

然而，fitness()和第3章中的satisfied()之间有一个重要的区别。在这里我们返回1/(difference + 1)。difference是MONEY和SEND+MORE差值的绝对值，表示染色体离解决这个问题还有多远。如果我们试图最小化fitness()，那么返回difference就可以了。但是因为GeneticAlgorithm试图计算fitness()的最大值，所以需要将其翻转（使最小值变为最大值），这就是1除以difference的原因。首先，将1加到difference上，这样difference为0时就不会导致fitness()为0（而是1）。表5.1说明了其工作原理。

表 5.1　方程 1/(difference + 1) 如何生成适应度的最大值

difference	difference+1	fitness(1/(difference + 1))
0	1	1
1	2	0.5
2	3	0.33
3	4	0.25

需要记住的是，difference 越小越好，fitness 值越大越好。上面的公式之所以有效就是因为它满足这两个要求。将 1 除以 fitness 值是将最小化问题转化为最大化问题的简单方法，不过这可能会引入一些偏差，所以并不是一个理想的解决方案[⊖]。

randomInstance() 使用了 Collections 类中的 shuffle() 函数。crossover() 在两条染色体的 letters 列表中随机选择两个索引，然后互换字母，使第一条染色体的一个字母来自第二条染色体的同一位置，第二条的一个字母来自第一条的同一位置。这一交换过程是在子对象中执行的，在两个子对象中这样放置字母就完成了双亲的结合。mutate() 将会在 letters 列表中随机交换两个位置的元素。

我们可以将 SendMoreMoney2 放入 GeneticAlgorithm 中，就像放到 SimpleEquation 中一样简单。但是要先提醒一下：这是一个相当棘手的问题，如果参数没有得到很好的调整，将需要很长时间来执行。即使你做对了，也仍然存在一些随机性！问题可能会在几秒钟或几分钟内解决，但这就是遗传算法的特性。

代码清单 5.12　SendMoreMoney2.java 续

```
    public static void main(String[] args) {
        ArrayList<SendMoreMoney2> initialPopulation = new ArrayList<>();
        final int POPULATION_SIZE = 1000;
        final int GENERATIONS = 1000;
        final double THRESHOLD = 1.0;
        for (int i = 0; i < POPULATION_SIZE; i++) {
            initialPopulation.add(SendMoreMoney2.randomInstance());
        }
        GeneticAlgorithm<SendMoreMoney2> ga = new GeneticAlgorithm<>(
                initialPopulation,
                0.2, 0.7, GeneticAlgorithm.SelectionType.ROULETTE);
           SendMoreMoney2 result = ga.run(GENERATIONS, THRESHOLD);
           System.out.println(result);
    }

}
```

以下输出来自一次运行，该运行使用每代 1000 个个体（如上所述）分三代解决了此问题。不妨试试利用 GeneticAlgorithm 的可配置参数，以更少的个体获得类似的结果。

⊖ 例如，如果仅将 1 除以均匀分布的整数值，那么最终接近 0 的数字会多于接近 1 的，这可能会导致出乎意料的结果，典型的微处理器对浮点数的解读方式就是如此难以捉摸。还有一种方法可以把求最小值问题转化为求最大值的问题，即简单地将符号取反（把正数变成负数），但这只能在所有值都为正数时才有用。

看看用轮盘式选择法是否比用锦标赛选择法效果更好。

```
Generation 0 Best 0.07142857142857142 Avg 2.588160841027962E-4
Generation 1 Best 0.16666666666666666 Avg 0.005418719421172926
Generation 2 Best 0.5 Avg 0.022271971406414452
8324 + 913 = 9237 Difference: 0
```

此解表明，SEND = 8324，MORE = 913，MONEY = 9237。这怎么可能？看起来解中似乎缺少字母。事实上，如果 M = 0，那么这个问题有几个解，这在第 3 章的版本中是不可能的。这里的 MORE 实际上是 0913，而 MONEY 是 09237，0 只是被忽略了。

5.5 优化列表压缩算法

假设我们有一些要压缩的信息，它是由一些数据项组成的列表，我们不关心数据项的顺序，只要它们都完好无损即可。数据项以什么样的顺序排列能将压缩比最大化？你知道数据项的排列顺序会影响大多数压缩算法的压缩比吗？

答案将取决于所使用的压缩算法。对于本例，我们将使用 java.util.zip 包中的 GZIPOutputStream 类。此处完整地显示了 12 个名字的列表的解决方案。如果不运行遗传算法，只是按照最初显示的顺序对 12 个名字运行 compress()，那么得到的压缩数据将是 164 字节。

代码清单 5.13 ListCompression.java

```java
package chapter5;

import java.io.ByteArrayOutputStream;
import java.io.IOException;
import java.io.ObjectOutputStream;
import java.util.ArrayList;
import java.util.Collections;
import java.util.List;
import java.util.Random;
import java.util.zip.GZIPOutputStream;

public class ListCompression extends Chromosome<ListCompression> {
    private static final List<String> ORIGINAL_LIST = List.of("Michael",
     "Sarah", "Joshua", "Narine", "David", "Sajid", "Melanie", "Daniel",
     "Wei", "Dean", "Brian", "Murat", "Lisa");
    private List<String> myList;
    private Random random;

    public ListCompression(List<String> list) {
        myList = new ArrayList<>(list);
        random = new Random();
    }

    public static ListCompression randomInstance() {
        ArrayList<String> tempList = new ArrayList<>(ORIGINAL_LIST);
```

```
        Collections.shuffle(tempList);
        return new ListCompression(tempList);
    }

    private int bytesCompressed() {
        try {
            ByteArrayOutputStream baos = new ByteArrayOutputStream();
            GZIPOutputStream gos = new GZIPOutputStream(baos);
            ObjectOutputStream oos = new ObjectOutputStream(gos);
            oos.writeObject(myList);
            oos.close();
            return baos.size();
        } catch (IOException ioe) {
            System.out.println("Could not compress list!");
            ioe.printStackTrace();
            return 0;
        }

    }

    @Override
    public double fitness() {
        return 1.0 / bytesCompressed();
    }

    @Override
    public List<ListCompression> crossover(ListCompression other) {
        ListCompression child1 = new ListCompression(new
    ArrayList<>(myList));
        ListCompression child2 = new ListCompression(new
    ArrayList<>(myList));
        int idx1 = random.nextInt(myList.size());
        int idx2 = random.nextInt(other.myList.size());
        String s1 = myList.get(idx1);
        String s2 = other.myList.get(idx2);
        int idx3 = myList.indexOf(s2);
        int idx4 = other.myList.indexOf(s1);
        Collections.swap(child1.myList, idx1, idx3);
        Collections.swap(child2.myList, idx2, idx4);
        return List.of(child1, child2);
    }

    @Override
    public void mutate() {
        int idx1 = random.nextInt(myList.size());
        int idx2 = random.nextInt(myList.size());
        Collections.swap(myList, idx1, idx2);
    }

    @Override
    public ListCompression copy() {
        return new ListCompression(new ArrayList<>(myList));
    }

    @Override
```

```
    public String toString() {
        return "Order: " + myList + " Bytes: " + bytesCompressed();
    }

    public static void main(String[] args) {
        ListCompression originalOrder = new ListCompression(ORIGINAL_LIST);
        System.out.println(originalOrder);
        ArrayList<ListCompression> initialPopulation = new ArrayList<>();
        final int POPULATION_SIZE = 100;
        final int GENERATIONS = 100;
        final double THRESHOLD = 1.0;
        for (int i = 0; i < POPULATION_SIZE; i++) {
            initialPopulation.add(ListCompression.randomInstance());
        }
        GeneticAlgorithm<ListCompression> ga = new GeneticAlgorithm<>(
                initialPopulation,
                0.2, 0.7, GeneticAlgorithm.SelectionType.TOURNAMENT);
        ListCompression result = ga.run(GENERATIONS, THRESHOLD);
        System.out.println(result);
    }
}
```

请注意，此实现与 5.4 节中 SEND+MORE＝MONEY 的实现有很多相似点，crossover() 和 mutate() 函数本质上是一样的。在这两个问题的解决方案中，我们取一列数据项，不断地重新排列它们，并测试重新排列效果。我们可以为这两个问题的解决方案编写一个通用父类，以处理各种问题。任何可以表示为需要找到最优顺序的数据项列表的问题都可以用同样的方法解决，子类唯一需要自定义的地方是它们各自的适应度函数。

如果直接运行 ListCompression.java，可能需要很长时间才能完成。这是因为我们事先不知道什么是“正确”答案，所以我们没有真正的 threshold 来定向解决问题。相反，我们将总代数和每一代的个体数设置为任意大的数字并希望得到最好结果。在压缩中重新排列 12 个名字所产生的最小字节数是多少？坦率地说，我们不知道答案。在最好的情况下，使用上述解决方案中的配置，经过 100 代之后，遗传算法找到了 12 个名字的某种顺序，生成了 158 个字节的压缩数据。

这只比原始顺序节省了 6 个字节——节省了约 4%。有人可能会说，4% 是无关紧要的，但对于将在网络上多次传输的大列表，累加的节省量将不可小觑。想象一下 1MB 的列表将在互联网上传输 1000 万次的情况。如果遗传算法能够优化压缩列表的顺序，从而节省 4% 的空间，那么每次传输就会节省大约 40KB，最终在所有传输中节省 400GB 带宽。这并不是一个很大的数量，但可能足够重要，值得运行一次算法，以找到一个接近最优的压缩顺序。

但是，考虑一下现实情况——我们不知道是否找到了 12 个名字的最佳顺序，更不用说假设列表为 1MB 了。怎样才能知道是否达到目标了呢？除非我们对压缩算法有深刻的理解，否则我们将不得不尝试压缩列表的每种可能的顺序。对于包含 12 项的列表，需要完全运行 479 001 600 种可能的顺序（12！），这是相当不可行的。即便不知道最终得到的是否真的是最优解，采用尽力接近最优的遗传算法也是比较可行的方案。

5.6 遗传算法面临的挑战

遗传算法不是灵丹妙药，事实上，它们并不适合大多数问题。对于任何一个存在快速确定性算法的问题，遗传算法是没有意义的。它们固有的随机性使得运行时间不可预测。为了解决这个问题，我们可以让它们在几代后停止，但这样就不能确定是否找到了真正的最优解。

Steven Skiena写的书是最受欢迎的算法教材之一，他甚至如此写道："在我看来，我从没遇到过任何问题是适合用遗传算法去攻克的。此外，我未见过能给我留下深刻印象的用遗传算法完成的计算成果的报道。"[1]

虽然Skiena的观点有点极端，但这表明，只有当你有理由相信不存在更好的解决方案，或者你正在探索未知的问题时，才应该选择遗传算法。遗传算法的另一个问题是如何用染色体来表示一个问题的潜在解决方案。传统的做法是将大多数问题表示为二进制字符串（即二进制位1和0的序列）。在空间使用方面，这通常是最优的，而且它还有助于实现简单的crossover函数。但是大多数复杂的问题都不容易表示为可分割的位串。

另一个值得一提的问题是与本章描述的轮盘选择法相关的挑战。轮盘选择法，有时也被称为适应度比例选择法，由于每次选择时相对适应的个体占主导地位，因此会导致种群中缺乏多样性。另外，如果适应度值很接近，那么轮盘选择法可能导致选择缺乏压力[2]。此外，本章构建的轮盘选择法不适用于适应度可以用负值测量的问题，如5.3节中的简单方程示例。

简而言之，对于大多数规模庞大到有理由采用遗传算法的问题，遗传算法均不能保证在可预测的时间内发现最优解。因此，在不需要最优解而需要"足够好"的解的情况下，可以使用它们。它们很容易实现，但是调整它们的可配置参数可能需要大量的反复试验。

5.7 实际应用

不管Skiena写过什么，遗传算法都能频繁有效地应用于大量的问题。它们通常用于不需要最优解的困难问题，比如使用传统方法无法解决的约束满足问题，一个例子是复杂的日程安排问题。

遗传算法在计算生物学中有许多应用。它们已经成功地用于蛋白质配体停靠中，即寻找小分子与受体结合时的配置方案。这被用于药物研究并让我们更好地了解自然界的机制。

[1] Steven Skiena, *The Algorithm Design Manual*, 2nd ed.(Springer, 2009), p. 267.

[2] A. E. Eiben and J. E. Smith, *Introduction to Evolutionary Computation*, 2nd edition(Springer, 2015), p. 80.

旅行商问题是计算机科学中最著名的问题之一，我们将在第9章再次讨论。一位旅行商想在地图上找到最短的路线，该路线使得他只访问每个城市一次，并最终回到起始位置。这听起来像是第4章中的最小生成树，但不同的是，旅行商问题的解是一个大的环路，目标是最大限度地降低旅行的开销，而最小生成树则要最大限度地降低连接每个城市的成本。为了能到达每一个城市，以最小生成树方式在城市间旅行的人可能必须访问同一个城市两次。尽管两种算法看起来很相似，但还是没有算法能在合理的时间内求解出任意城市数量的旅行商问题。遗传算法已经被证明能在短时间内找到次优但相当好的解。这个问题广泛适用于货物的有效分配。例如，FedEx和UPS的卡车调度员每天都用软件解决旅行商问题。帮助解决该类问题的算法可以在许多行业中降低成本。

在计算机合成艺术领域，有时会用遗传算法以随机的方式模拟生成照片。想象一下，将50个多边形随机放置在屏幕上，并逐渐扭曲、转动、移动、调整大小和改变颜色，直到它们尽可能地与照片匹配。结果看起来像是抽象艺术家的作品或者彩色玻璃窗（如果使用更多棱角形状）。

遗传算法是演化计算（evolutionary computation）领域的一部分。在演化计算中，与遗传算法密切相关的一个领域是遗传编程（genetic programming），其程序可用选择、交换和突变操作修改自身，以便为编程问题查找不太明显的解。遗传编程不是一种被广泛运用的技术，但不妨想象一下未来程序可以自己编写自己。

遗传算法的一个优点是易于并行化。最明显的形式是，可以在单独的处理器上模拟每个种群。在最细粒度的情况下，每个个体都可以突变和交叉，并在单独的线程中计算其适应度。介于这两者之间的形式还有很多种。

5.8 习题

1. 为GeneticAlgorithm添加支持高级锦标赛选择法的功能，这种选择可以基于递减概率依次选择第二或第三好的染色体。
2. 在第3章的约束满足问题框架中添加一个新函数，使用遗传算法求解任意CSP。适应度的值可以是染色体能够满足的约束数量。
3. 创建一个实现Chromosome的类BitString。回忆第1章中的位串是什么。然后使用新类来解决5.3节中的简单方程问题。如何将问题编码为位串？

Chapter 6 第6章

k均值聚类

人类从没有像今天这样拥有如此众多的社会相关的数据。计算机擅长存储数据，但这些数据在被人们分析之前对社会来说并没有什么价值。计算相关的技术可以指导人类从数据集中获取有意义的信息。

聚类（clustering）是一种可以将数据集的个体进行分组的计算技术。成功的聚类结果是分组中的个体彼此相互关联。而这些相互关联的关系是否有意义，通常需要人工验证。

在进行聚类时，数据个体所属的组（又称簇）不是预先定义好的，而是在聚类算法运行过程中确定的。事实上，聚类算法不会根据预先假定的信息将任何特定的数据个体放入任何特定的簇中。因此，聚类被认为是机器学习领域中的*无监督*方法。“无监督”可以被视为*没有先验知识指导*的意思。

若想要了解数据集的结构但事先不知道其组成部分时，聚类就能够派上用场。假如你有一家杂货店，需要收集关于客户及其交易的数据。你计划在每周的特定时段投放特价促销移动广告来吸引客户到店里采购。不妨按星期几和人数统计信息对数据进行聚类。或许就会发现年轻人更喜欢在周二购物，利用这一信息就可以在当天专门针对他们投放广告。

6.1 预备知识

聚类算法需要用到一些统计学原语（均值、标准差等）。自 Java 8 开始，Java 标准库在 `util` 包中的 `DoubleSummaryStatistics` 类中提供了一些有用的基本统计方法。我们将使用这些基本统计方法来开发一些更为复杂的统计计算方法。需要注意的是，虽然本书中沿用了标准库，但有许多非常好用的第三方库可用于那些对于性能有所要求的应用程序中，尤其是那些处理大数据的应用程序。相较于自己亲自实现，不如直接使用成熟的、经过实践检验的库。但在本书中，我们需要亲自实现该代码，以加深学习。

为简单起见，本章中要处理的数据集都使用double类型或其包装类Double来表示。在接下来的Statistics类中，基本统计方法sum()、mean()、max()和min()都是通过DoubleSummaryStatistics实现的。variance()、std()（标准差）和zscored()都是基于这些基本统计方法的。它们的定义直接来自统计学课本上的公式。

代码清单 6.1 Statistics.java

```
package chapter6;

import java.util.DoubleSummaryStatistics;
import java.util.List;
import java.util.stream.Collectors;

public final class Statistics {
    private List<Double> list;
    private DoubleSummaryStatistics dss;

    public Statistics(List<Double> list) {
        this.list = list;
        dss = list.stream().collect(Collectors.summarizingDouble(d -> d));
    }

    public double sum() {
        return dss.getSum();
    }

    // Find the average (mean)
    public double mean() {
        return dss.getAverage();
    }

    // Find the variance sum((Xi - mean)^2) / N
    public double variance() {
        double mean = mean();
        return list.stream().mapToDouble(x -> Math.pow((x - mean), 2))
                .average().getAsDouble();
    }

    // Find the standard deviation sqrt(variance)
    public double std() {
        return Math.sqrt(variance());
    }

    // Convert elements to respective z-scores (formula z-score =
    // (x - mean) / std)
    public List<Double> zscored() {
        double mean = mean();
        double std = std();
        return list.stream()
                .map(x -> std != 0 ? ((x - mean) / std) : 0.0)
                .collect(Collectors.toList());
```

```
    }

    public double max() {
        return dss.getMax();
    }

    public double min() {
        return dss.getMin();
    }
}
```

提示 variance()返回总体方差。另一个稍有不同的求样本方差的公式，我们不会用到。我们每次评估都是针对所有的数据点。

zscored()会把列表中的每一项转换为对应的*z*-score，即原始值与均值的差除以标准差。本章后面会有更多关于*z*-score的介绍。

注意 对基础统计学知识的介绍不在本书讨论范围。只需要对均值和标准差有一个基本的理解就足以阅读本章的剩余内容。如果你从未学习过这些术语，或者虽然学过但是已经不用它们很长一段时间的话，那么可能需要花时间快速阅读一些关于这两个术语的基本概念的统计学资料。

所有聚类算法都是对数据点进行处理的，*k*均值算法也不例外。我们将定义一个名为DataPoint的基类。

代码清单6.2 DataPoint.java

```
package chapter6;

import java.util.ArrayList;
import java.util.List;

public class DataPoint {
    public final int numDimensions;
    private List<Double> originals;
    public List<Double> dimensions;
    public DataPoint(List<Double> initials) {
        originals = initials;
        dimensions = new ArrayList<>(initials);
        numDimensions = dimensions.size();
    }

    public double distance(DataPoint other) {
        double differences = 0.0;
        for (int i = 0; i < numDimensions; i++) {
            double difference = dimensions.get(i) - other.dimensions.get(i);
            differences += Math.pow(difference, 2);
```

```
        }
        return Math.sqrt(differences);
    }

    @Override
    public String toString() {
        return originals.toString();
    }

}
```

每一个数据点在调试打印（toString()）的时候都应该易于阅读，并且都有一个维度值（numDimensions）。列表 dimensions 使用 double 类型存储每个维度的实际值。构造函数接收初始数据的列表。这些维度稍后会被 *k* 均值替换成 *z*-score，所以我们在 originals 中保留了初始数据的副本以便稍后进行打印。

在深入研究 *k* 均值算法之前，还有一项准备工作，即计算任意两个同类型数据点之间的距离。计算距离的方式有很多种，但 *k* 均值算法最常用的就是欧氏距离。这是几何课程中我们最为熟悉的距离公式，由勾股定理推导而来。其实我们在第 2 章中就已经讨论过该公式了，并推导出了该公式的二维空间版本用于求解迷宫中任意两个位置之间的距离。DataPoint 所使用的版本要复杂一些，因为会涉及任意数量的维度。每个差值的平方会被累加，distance() 最终会返回这个累加和的平方根。

6.2 *k* 均值聚类算法

k 均值是一种聚类算法，它试图把数据点分配到预定数量的簇中。在每轮 *k* 均值的运行过程中，都要计算每个数据点与每个簇中心（称为*形心*）之间的距离。然后将数据点分配到与其距离最近的形心所在的簇中。接着，算法将重新计算所有形心，求出分配到每个簇的所有点的均值，并用新的均值替换旧的形心。这样的计算过程与替换过程会持续下去，直到形心停止移动或迭代次数到达了给定的值。

提供给 *k* 均值聚类算法的初始数据点的所有维度在度量上都要具有可比性，否则 *k* 均值聚类算法将会倾向于在差异最大的维度进行聚类。使不同类型的数据（本例中是不同的维度）具有可比性的过程被称为*归一化*过程。归一化常用的一种方法是基于其相较于同一类型的其他数据的 *z*-score（也称为*标准分数*）来计算每个值的。*z*-score 的计算方法是：读取一个数据值，从中减去所有数据的均值，再除以所有数据的标准差。上一小节开始的时候所设计的 zscored() 函数就是对 double 类型列表里的每一个值都执行了这样的操作。

k 聚类算法的难点是如何选择初始形心。在我们将要实现的该算法基本形式中，初始形心是被随机放置在数据范围内的。另一个难点是确定将数据分成多少个簇（*k* 均值中的 *k* 取多少）。在经典算法实现中，*k* 值是由用户来确定的，但用户可能并不知道合适的个数是多少，所以需要经过一些实验才能确定。我们选择让用户来定义 *k* 的值。

k 均值聚类算法的步骤和注意事项如下所示：

1. 对所有数据点和 k 个空簇进行初始化。
2. 对所有数据点进行归一化处理。
3. 为每个簇创建其随机分布的形心。
4. 将每个数据点分配到与其距离最近的形心所在的簇中。
5. 重新进行计算，得到每个簇的新的形心位置。
6. 重复第 4、5 步，直到迭代次数达到最大值或所有形心都停止移动（收敛）。

k 均值聚类算法从概念上看其实非常简单：在每次迭代过程中每个数据点都与其距离最近的形心所在的簇相关联。当新的数据点与簇相关联时，簇的形心就会移动，如图 6.1 所示。

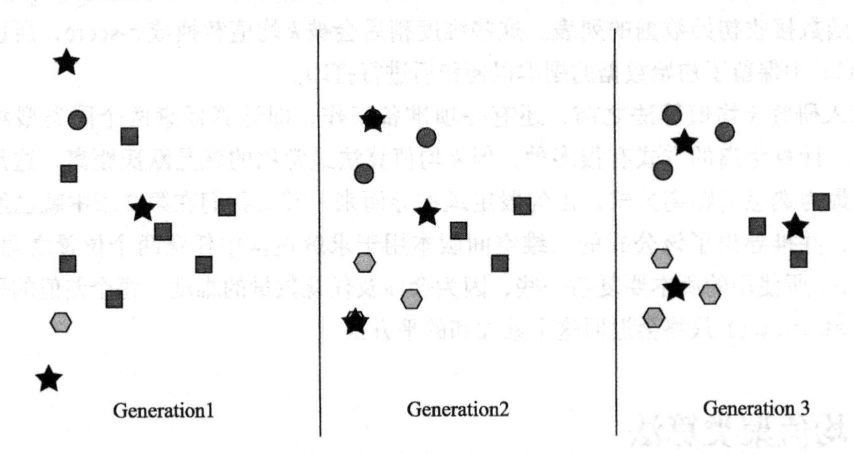

图 6.1　在某个数据集上迭代了 3 次后的 k 均值聚类算法示例。星星表示形心，不同的颜色和形状代表当前的簇成员状态（一直在变换）

下面我们将实现一个用来记录状态和运行算法的类，类似于第 5 章中的 GeneticAlgorithm。先从一个表示簇的内部类开始。

代码清单 6.3　KMeans.java

```java
import java.util.ArrayList;
import java.util.List;
import java.util.Random;
import java.util.stream.Collectors;

public class KMeans<Point extends DataPoint> {

    public class Cluster {
        public List<Point> points;
        public DataPoint centroid;
      public Cluster(List<Point> points, DataPoint randPoint) {
        this.points = points;
        this.centroid = randPoint;
      }
   }
```

KMeans是一个泛型类。它适用于DataPoint或DataPoint的子类，如Point的类型绑定所定义的（Point extends DataPoint）。它有一个内部类Cluster，用于跟踪操作中的各个簇。每一个Cluster都有一组数据点和与之相关联的形心。

注意 本章中为了压缩代码量并使其更易于阅读，我们把一些原本应该通过getter/setter来访问的实例变量定义为public。

接下来，我们将讨论外部类的构造函数。

代码清单 6.4 KMeans.java 续

```
	private List<Point> points;
	private List<Cluster> clusters;

	public KMeans(int k, List<Point> points) {
		if (k < 1) { // can't have negative or zero clusters
			throw new IllegalArgumentException("k must be >= 1");
		}
		this.points = points;
		zScoreNormalize();
		// initialize empty clusters with random centroids
		clusters = new ArrayList<>();
		for (int i = 0; i < k; i++) {
			DataPoint randPoint = randomPoint();
			Cluster cluster = new Cluster(new ArrayList<Point>(), randPoint);
			clusters.add(cluster);
		}
	}

	private List<DataPoint> centroids() {
		return clusters.stream().map(cluster -> cluster.centroid)
				.collect(Collectors.toList());
	}
```

KMeans有一个与之关联的数组points。它就是数据集中所有的数据点。这些数据点将会被划分到不同的簇中，而簇被存储在以clusters命名的变量中。当KMeans在被实例化的时候，需要知道要创建多少个簇（k）。每个簇初始化的时候都有一个随机的形心。所有的数据点都会被算法使用并基于*z*-score做归一化处理。centroids()方法将返回本算法中所有簇相关联的形心。

代码清单 6.5 KMeans.java 续

```
	private List<Double> dimensionSlice(int dimension) {
		return points.stream().map(x -> x.dimensions.get(dimension))
				.collect(Collectors.toList());
	}
```

dimensionSlice()方法返回一组数据，它可以被看作一个快捷方法。它返回一个由每个数据点特定索引处的值所组成的列表。例如，如果数据点是DataPoint类型，则dimensionSlice(0)将返回一个由每个数据点的第一个维度的值所组成的列表。这对后续的归一化方法非常有用。

代码清单6.6　KMeans.java续

```
    private void zScoreNormalize() {
        List<List<Double>> zscored = new ArrayList<>();
        for (Point point : points) {
            zscored.add(new ArrayList<Double>());
        }
        for (int dimension = 0; dimension <
        points.get(0).numDimensions; dimension++) {
            List<Double> dimensionSlice = dimensionSlice(dimension);
            Statistics stats = new Statistics(dimensionSlice);
            List<Double> zscores = stats.zscored();
            for (int index = 0; index < zscores.size(); index++){
                zscored.get(index).add(zscores.get(index));
            }
        }
            for (int i = 0; i < points.size(); i++) {
                points.get(i).dimensions = zscored.get(i);
            }
        }
```

zScoreNormalize()将每个数据点列表dimensions中的值都替换成对应的*z*-score值。这里使用了之前为double类型列表所定义的zscored()函数。尽管dimensions列表中的值会被替换，但DataPoint中的originals列表不会被替换。把dimensions的原始值和替换后的值分开存储有一个好处，即该算法的用户可以在算法运行归一化操作后，依然能够检索dimensions的原始值。

代码清单6.7　KMeans.java续

```
    private DataPoint randomPoint() {
        List<Double> randDimensions = new ArrayList<>();
        Random random = new Random();
        for (int dimension = 0; dimension < points.get(0).numDimensions;
     dimension++) {
            List<Double> values = dimensionSlice(dimension);
            Statistics stats = new Statistics(values);
            Double randValue = random.doubles(stats.min(),
     stats.max()).findFirst().getAsDouble();
            randDimensions.add(randValue);
        }
        return new DataPoint(randDimensions);
    }
```

在构造函数中使用之前定义的randomPoint()方法来为每个簇创建初始的随机形心。

它将每个形心的随机值限制在现有的全部数据点的值域内。它使用之前为DataPoint定义的构造函数来在给定的值域中创建新的数据点。

现在，我们来看为数据点寻找合适的簇的方法。

代码清单6.8　KMeans.java续

```
// Find the closest cluster centroid to each point and assign the point
// to that cluster
private void assignClusters() {
    for (Point point : points) {
        double lowestDistance = Double.MAX_VALUE;
        Cluster closestCluster = clusters.get(0);
        for (Cluster cluster : clusters) {
            double centroidDistance =
                point.distance(cluster.centroid);
            if (centroidDistance < lowestDistance) {
                lowestDistance = centroidDistance;
                closestCluster = cluster;
            }
        }
        closestCluster.points.add(point);
    }
}
```

本书中，我们创建了几个函数来查找列表中的最小值或最大值，而当前这个函数也与之相同。本例中，我们需要找到簇的形心，要求它到每个数据点的距离都是最短的。然后将该形心与簇相关联。

代码清单6.9　KMeans.java续

```
// Find the center of each cluster and move the centroid to there
private void generateCentroids() {
    for (Cluster cluster : clusters) {
        // Ignore if the cluster is empty
        if (cluster.points.isEmpty()) {
            continue;
        }
        List<Double> means = new ArrayList<>();
        for (int i = 0; i < cluster.points.get(0).numDimensions; i++) {
            // needed to use in scope of closure
            int dimension = i;
            Double dimensionMean = cluster.points.stream()
                    .mapToDouble(x ->
            x.dimensions.get(dimension)).average().getAsDouble();
            means.add(dimensionMean);
        }
        cluster.centroid = new DataPoint(means);
    }
}
```

每当一个数据点被分配到对应的簇后，就开始计算新的形心。我们需要计算簇中每个数据点在每个维度上的均值，然后将这些维度的均值组合在一起，找到簇中的“中间点”（mean point）作为新的形心。需要注意的是，在这里我们不能使用 dimensionSlice()，因为当前这些数据点只是全部数据点的子集（只属于某个特定簇的点）。如何重写 dimensionSlice() 才能使其适用性更广？我们把这个问题作为练习留给大家思考。

现在，我们来看如何定义实现该算法的方法及其辅助方法。

代码清单 6.10 KMeans.java 续

```
    // Check if two Lists of DataPoints are of equivalent DataPoints
    private boolean listsEqual(List<DataPoint> first, List<DataPoint> second)
     {
        if (first.size() != second.size()) {
            return false;
        }
        for (int i = 0; i < first.size(); i++) {
            for (int j = 0; j < first.get(0).numDimensions; j++) {
                if (first.get(i).dimensions.get(j).doubleValue() !=
 second.get(i).dimensions.get(j).doubleValue()) {
                    return false;
                }
            }
        }
        return true;
    }

    public List<Cluster> run(int maxIterations) {
        for (int iteration = 0; iteration < maxIterations; iteration++) {
            for (Cluster cluster : clusters) { // clear all clusters
                cluster.points.clear();
            }
            assignClusters();
            List<DataPoint> oldCentroids = new ArrayList<>(centroids());
            generateCentroids(); // find new centroids
            if (listsEqual(oldCentroids, centroids())) {
                System.out.println("Converged after " + iteration + "
 iterations.");
                return clusters;
            }
        }
        return clusters;
    }
```

run() 是该原始算法最直接的实现方式。唯一会让你感到意外的改动是在每次迭代开始的时候会移除所有的数据点。如果不这么做，assignClusters() 就会在每个簇中放入重复的数据点。listsEqual() 是一个辅助方法，它可以检查两个列表中的 DataPoint 元素是否相同。这对于检查两次迭代之间形心是否发生变化非常有用（若形心没有移动，算法应该终止运行）。

使用测试 DataPoint 集合并设置 k 为 2 来进行快速验证。

代码清单 6.11　KMeans.java 续

```
    public static void main(String[] args) {
        DataPoint point1 = new DataPoint(List.of(2.0, 1.0, 1.0));
        DataPoint point2 = new DataPoint(List.of(2.0, 2.0, 5.0));
        DataPoint point3 = new DataPoint(List.of(3.0, 1.5, 2.5));
        KMeans<DataPoint> kmeansTest = new KMeans<>(2, List.of(point1,
     point2, point3));
        List<KMeans<DataPoint>.Cluster> testClusters = kmeansTest.run(100);
        for (int clusterIndex = 0; clusterIndex < testClusters.size();
     clusterIndex++) {
            System.out.println("Cluster " + clusterIndex + ": "
                    + testClusters.get(clusterIndex).points);
        }
    }

}
```

由于存在随机性，因此你运行得到的结果可能会有所不同。一次运行的结果如下所示：

```
Converged after 1 iterations.
Cluster 0: [[2.0, 1.0, 1.0], [3.0, 1.5, 2.5]]
Cluster 1: [[2.0, 2.0, 5.0]]
```

6.3　按年龄和经度对州长进行聚类

在美国，每个州都拥有一名州长。2017 年 6 月，这些州长的年龄从 42 岁到 79 岁不等。如果从美国东部向西部通过经度来考察每个州，或许我们就可以找到经度相近且州长年龄相仿的簇。图 6.2 是全部 50 位州长对应的经度和年龄散点图。x 轴代表州的经度，y 轴代表州长的年龄。

图 6.2 中存在明显的簇吗？在这个图中，坐标轴没有进行归一化处理，因此我们看到的是原始数据。如果聚类总是那么明显的话，就不需要什么聚类算法了。

下面试着用 k 均值算法处理一下上述数据集。首先，需要一种方法来表示单个数据点。

代码清单 6.12　Governor.java

```
package chapter6;

import java.util.ArrayList;
import java.util.List;

public class Governor extends DataPoint {
    private double longitude;
    private double age;
    private String state;

    public Governor(double longitude, double age, String state) {
        super(List.of(longitude, age));
        this.longitude = longitude;
        this.age = age;
        this.state = state;
```

```
    }

    @Override
    public String toString() {
        return state + ": (longitude: " + longitude + ", age: " + age + ")";
    }
```

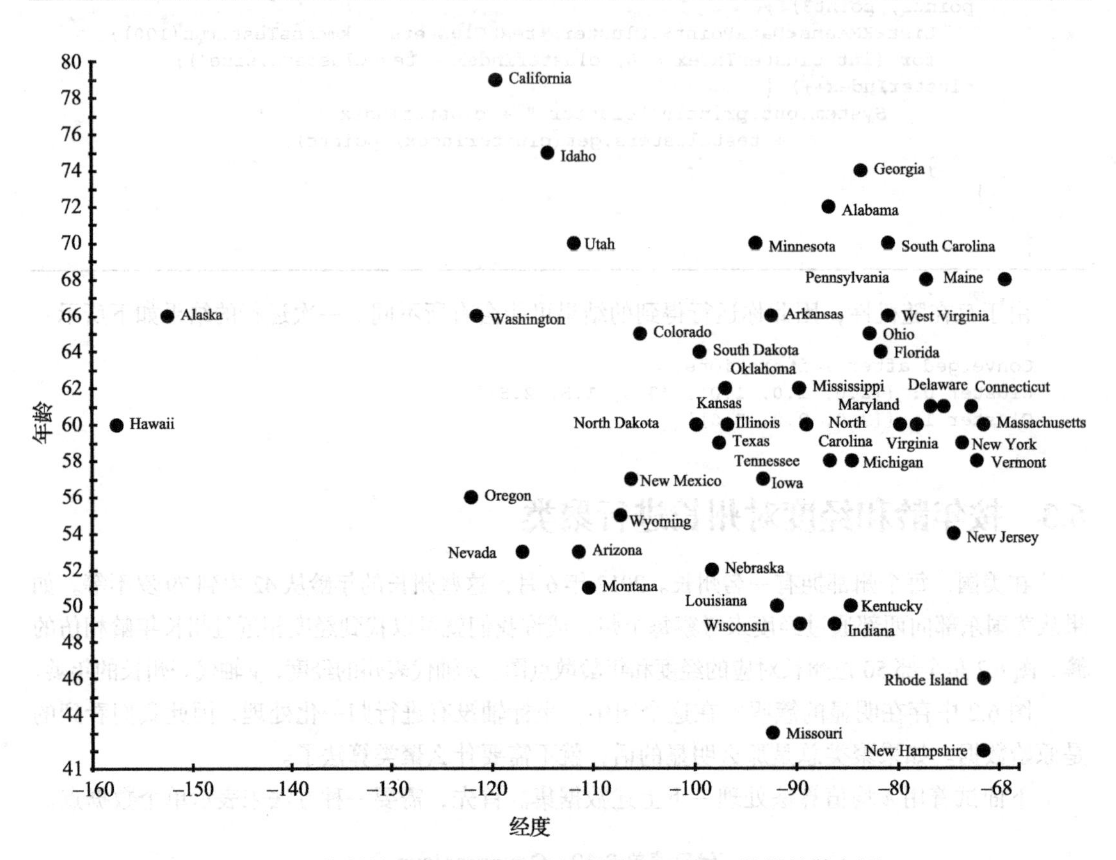

图 6.2 按州的经度和州长年龄绘制的2017年6月州长散点图

Governor中储存着两个维度：longitude和age。除了重写toString()之外，Governor没有对其父类DataPoint做任何修改。手工录入以下数据是非常不合理的，所以请查阅本书附带的源代码库。

代码清单 6.13 Governor.java 续

```
public static void main(String[] args) {
    List<Governor> governors = new ArrayList<>();
    governors.add(new Governor(-86.79113, 72, "Alabama"));
    governors.add(new Governor(-152.404419, 66, "Alaska"));
    governors.add(new Governor(-111.431221, 53, "Arizona"));
    governors.add(new Governor(-92.373123, 66, "Arkansas"));
    governors.add(new Governor(-119.681564, 79, "California"));
```

```
governors.add(new Governor(-105.311104, 65, "Colorado"));
governors.add(new Governor(-72.755371, 61, "Connecticut"));
governors.add(new Governor(-75.507141, 61, "Delaware"));
governors.add(new Governor(-81.686783, 64, "Florida"));
governors.add(new Governor(-83.643074, 74, "Georgia"));
governors.add(new Governor(-157.498337, 60, "Hawaii"));
governors.add(new Governor(-114.478828, 75, "Idaho"));
governors.add(new Governor(-88.986137, 60, "Illinois"));
governors.add(new Governor(-86.258278, 49, "Indiana"));
governors.add(new Governor(-93.210526, 57, "Iowa"));
governors.add(new Governor(-96.726486, 60, "Kansas"));
governors.add(new Governor(-84.670067, 50, "Kentucky"));
governors.add(new Governor(-91.867805, 50, "Louisiana"));
governors.add(new Governor(-69.381927, 68, "Maine"));
governors.add(new Governor(-76.802101, 61, "Maryland"));
governors.add(new Governor(-71.530106, 60, "Massachusetts"));
governors.add(new Governor(-84.536095, 58, "Michigan"));
governors.add(new Governor(-93.900192, 70, "Minnesota"));
governors.add(new Governor(-89.678696, 62, "Mississippi"));
governors.add(new Governor(-92.288368, 43, "Missouri"));
governors.add(new Governor(-110.454353, 51, "Montana"));
governors.add(new Governor(-98.268082, 52, "Nebraska"));
governors.add(new Governor(-117.055374, 53, "Nevada"));
governors.add(new Governor(-71.563896, 42, "New Hampshire"));
governors.add(new Governor(-74.521011, 54, "New Jersey"));
governors.add(new Governor(-106.248482, 57, "New Mexico"));
governors.add(new Governor(-74.948051, 59, "New York"));
governors.add(new Governor(-79.806419, 60, "North Carolina"));
governors.add(new Governor(-99.784012, 60, "North Dakota"));
governors.add(new Governor(-82.764915, 65, "Ohio"));
governors.add(new Governor(-96.928917, 62, "Oklahoma"));
governors.add(new Governor(-122.070938, 56, "Oregon"));
governors.add(new Governor(-77.209755, 68, "Pennsylvania"));
governors.add(new Governor(-71.51178, 46, "Rhode Island"));
governors.add(new Governor(-80.945007, 70, "South Carolina"));
governors.add(new Governor(-99.438828, 64, "South Dakota"));
governors.add(new Governor(-86.692345, 58, "Tennessee"));
governors.add(new Governor(-97.563461, 59, "Texas"));
governors.add(new Governor(-111.862434, 70, "Utah"));
governors.add(new Governor(-72.710686, 58, "Vermont"));
governors.add(new Governor(-78.169968, 60, "Virginia"));
governors.add(new Governor(-121.490494, 66, "Washington"));
governors.add(new Governor(-80.954453, 66, "West Virginia"));
governors.add(new Governor(-89.616508, 49, "Wisconsin"));
governors.add(new Governor(-107.30249, 55, "Wyoming"));
```

将 k 设置为 2 并运行 k 均值聚类算法。

代码清单 6.14　Governor.java 续

```
    KMeans<Governor> kmeans = new KMeans<>(2, governors);
    List<KMeans<Governor>.Cluster> govClusters = kmeans.run(100);
    for (int clusterIndex = 0; clusterIndex < govClusters.size();
clusterIndex++) {
        System.out.printf("Cluster %d: %s%n", clusterIndex,
```

```
govClusters.get(clusterIndex).points);
        }
    }

}
```

由于在算法开始时采用了随机形心，因此 KMeans 每次运行都可能返回不同的簇。这些结果需要人工进行分析以确定是否真正相关。以下是一次运行返回的结果：

```
Converged after 3 iterations.
Cluster 0: [Alabama: (longitude: -86.79113, age: 72.0), Arizona: (longitude:
-111.431221, age: 53.0), Arkansas: (longitude: -92.373123, age: 66.0),
Colorado: (longitude: -105.311104, age: 65.0), Connecticut: (longitude:
-72.755371, age: 61.0), Delaware: (longitude: -75.507141, age: 61.0),
Florida: (longitude: -81.686783, age: 64.0), Georgia: (longitude: -83.643074,
age: 74.0), Illinois: (longitude: -88.986137, age: 60.0), Indiana:
(longitude: -86.258278, age: 49.0), Iowa: (longitude: -93.210526, age: 57.0),
Kansas: (longitude: -96.726486, age: 60.0), Kentucky: (longitude: -84.670067,
age: 50.0), Louisiana: (longitude: -91.867805, age: 50.0), Maine: (longitude:
-69.381927, age: 68.0), Maryland: (longitude: -76.802101, age: 61.0),
Massachusetts: (longitude: -71.530106, age: 60.0), Michigan: (longitude:
-84.536095, age: 58.0), Minnesota: (longitude: -93.900192, age: 70.0),
Mississippi: (longitude: -89.678696, age: 62.0), Missouri: (longitude:
-92.288368, age: 43.0), Montana: (longitude: -110.454353, age: 51.0),
Nebraska: (longitude: -98.268082, age: 52.0), Nevada: (longitude:
-117.055374, age: 53.0), New Hampshire: (longitude: -71.563896, age: 42.0),
New Jersey: (longitude: -74.521011, age: 54.0), New Mexico: (longitude:
-106.248482, age: 57.0), New York: (longitude: -74.948051, age: 59.0), North
Carolina: (longitude: -79.806419, age: 60.0), North Dakota: (longitude:
-99.784012, age: 60.0), Ohio: (longitude: -82.764915, age: 65.0), Oklahoma:
(longitude: -96.928917, age: 62.0), Pennsylvania: (longitude: -77.209755,
age: 68.0), Rhode Island: (longitude: -71.51178, age: 46.0), South Carolina:
(longitude: -80.945007, age: 70.0), South Dakota: (longitude: -99.438828,
age: 64.0), Tennessee: (longitude: -86.692345, age: 58.0), Texas: (longitude:
-97.563461, age: 59.0), Vermont: (longitude: -72.710686, age: 58.0),
Virginia: (longitude: -78.169968, age: 60.0), West Virginia: (longitude:
-80.954453, age: 66.0), Wisconsin: (longitude: -89.616508, age: 49.0),
Wyoming: (longitude: -107.30249, age: 55.0)]
Cluster 1: [Alaska: (longitude: -152.404419, age: 66.0), California:
(longitude: -119.681564, age: 79.0), Hawaii: (longitude: -157.498337, age:
60.0), Idaho: (longitude: -114.478828, age: 75.0), Oregon: (longitude:
-122.070938, age: 56.0), Utah: (longitude: -111.862434, age: 70.0),
Washington: (longitude: -121.490494, age: 66.0)]
```

簇1代表西部的州，它们在地理位置上彼此相邻（如果将Alaska和Hawaii视作与太平洋沿岸各州相邻的话）。这些州的州长年龄相对较大，因此形成了一个簇。环太平洋地区的人们更喜欢年长的州长吗？除了相关性以外，我们无法从这些簇中得出任何其他结论。图6.3展示了这一结果。方块代表簇1，圆点代表簇0。

提示 需要反复强调的是，使用随机初始形心运行的 *k* 均值聚类所得到的结果每次都可能会不同。请确保多运行几次 *k* 均值聚类算法。

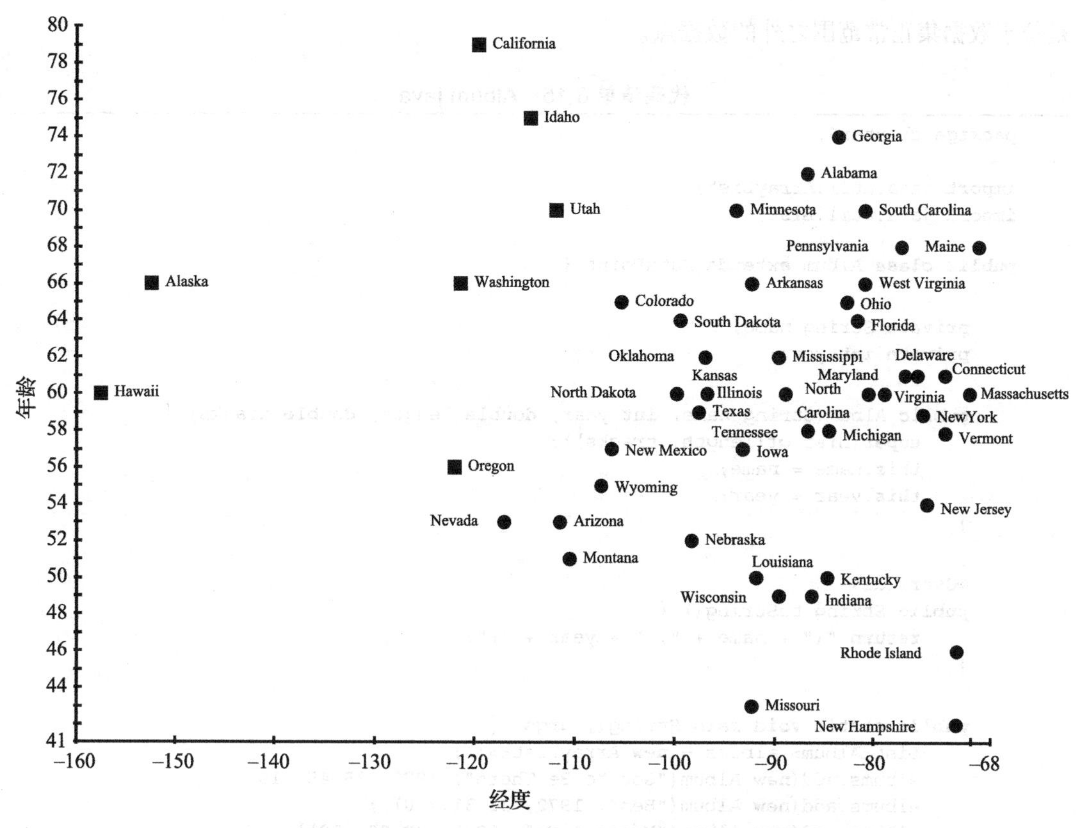

图6.3 簇0的数据点由圆点表示，簇1的数据点由方块表示

6.4 按长度对迈克尔·杰克逊的专辑进行聚类

迈克尔·杰克逊发行过10张个人专辑。在下面的例子中，我们将通过两个维度——专辑的时间长度（以分钟为单位）和歌曲数量——来对这些专辑进行聚类。这个例子与之前的州长示例形成了鲜明的对比，本例很容易从原始数据中看出结果，甚至不需要运行*k*均值聚类算法。本例非常适合作为调试聚类算法的测试用例。

> **注意** 本章中的两个示例都使用了二维数据点，而*k*均值聚类可以处理任意维度的数据点。

该示例会在下面的代码清单中给出完整实现。如果在运行示例之前对代码清单中的专辑数据进行审视，就能很明显地看出迈克尔·杰克逊在他的职业生涯晚期制作的专辑在时间上更长一些。因此，可以将专辑分为生涯早期和晚期两个簇。专辑*HIStory*：*Past*，*Present*，*and Future*，*Book I*是一个野值，它在逻辑上可以归属于其自己单独的簇中。野值（outlier）

是位于数据集正常范围之外的数据点。

代码清单 6.15 Album.java

```
package chapter6;

import java.util.ArrayList;
import java.util.List;

public class Album extends DataPoint {

    private String name;
    private int year;

    public Album(String name, int year, double length, double tracks) {
        super(List.of(length, tracks));
        this.name = name;
        this.year = year;
    }

    @Override
    public String toString() {
        return "(" + name + ", " + year + ")";
    }

    public static void main(String[] args) {
        List<Album> albums = new ArrayList<>();
        albums.add(new Album("Got to Be There", 1972, 35.45, 10));
        albums.add(new Album("Ben", 1972, 31.31, 10));
        albums.add(new Album("Music & Me", 1973, 32.09, 10));
        albums.add(new Album("Forever, Michael", 1975, 33.36, 10));
        albums.add(new Album("Off the Wall", 1979, 42.28, 10));
        albums.add(new Album("Thriller", 1982, 42.19, 9));
        albums.add(new Album("Bad", 1987, 48.16, 10));
        albums.add(new Album("Dangerous", 1991, 77.03, 14));
        albums.add(new Album("HIStory: Past, Present and Future, Book I", 1995,
     148.58, 30));
        albums.add(new Album("Invincible", 2001, 77.05, 16));
        KMeans<Album> kmeans = new KMeans<>(2, albums);
        List<KMeans<Album>.Cluster> clusters = kmeans.run(100);
        for (int clusterIndex = 0; clusterIndex < clusters.size();
     clusterIndex++) {
            System.out.printf("Cluster %d Avg Length %f Avg Tracks %f: %s%n",
            clusterIndex, clusters.get(clusterIndex).centroid.dimensions.get(0),
            clusters.get(clusterIndex).centroid.dimensions.get(1),
            clusters.get(clusterIndex).points);
        }
    }
}
```

请注意，属性 name 和 year 仅作为标记使用，不包含在实际的簇中。以下是一次执行的结果：

```
Converged after 1 iterations.
Cluster 0 Avg Length -0.5458820039179509 Avg Tracks -0.5009878988684237:
[(Got to Be There, 1972), (Ben, 1972), (Music & Me, 1973), (Forever, Michael,
1975), (Off the Wall, 1979), (Thriller, 1982), (Bad, 1987)]
Cluster 1 Avg Length 1.2737246758085525 Avg Tracks 1.168971764026322:
[(Dangerous, 1991), (HIStory: Past, Present and Future, Book I, 1995),
(Invincible, 2001)]
```

打印出的簇平均值非常有趣。需要注意的是，这里的平均值是 *z*-score。簇 1 的三张专辑是迈克尔·杰克逊最后的三张专辑，比他十张专辑的平均水平高出一个标准差。

6.5　*k* 均值聚类算法问题及其扩展

如果在运行 *k* 均值聚类算法时使用了随机起始数据点，则那些有助于数据内部划分的数据点就可能会被完全错过。这通常会导致操作员需要进行大量的试错。如果操作员没有很好地规划数据的分组数，那么正确地计算 *k* 值（簇数）也是非常困难的，而且容易出错。

k 均值聚类算法还可以设计得更复杂一些，可以尝试做出一些有依据的猜测，或者对那些有问题的变量进行自动试错。*k*-means++ 就是一个比较流行的变体算法，它不完全随机地选择形心，而是基于到每个点距离的概率分布来选择形心，以解决形心初始化的问题。对很多应用程序而言，更好的做法是根据预知的数据信息来为形心选择合适的起始区域。也就是说，这类 *k* 均值聚类算法是由用户来选取初始形心。

k 均值聚类算法的运行时间与数据点的数量、簇数以及数据点的维度数量成正比。如果数据点的数量和维度都非常多，那么基础版的 *k* 均值聚类算法将变得不可用。有些扩展版本的算法通过在计算之前评估某个数据点是否真的可能会被移动到另一个簇来避免数据点与每个形心之间进行过多的计算。处理存在大量数据点或高维数据集的另一种做法是对采样数据进行 *k* 均值聚类。这种做法得到的簇与对全部数据进行 *k* 均值聚类得到的结果非常接近。

数据集中的野值可能会导致奇怪的 *k* 均值聚类结果。如果初始形心恰好落在野值附近，就可能会形成一个簇。就像迈克尔·杰克逊的 *HIStory* 专辑中可能发生的情况。剔除野值后，*k* 均值聚类算法将会运行得更好。

最后，均值有时候不是衡量形心的好办法。*k* 中值算法就使用了数据各维度的中位数，*k* 中心点算法使用数据集中的实际数据点作为每个簇的形心。若是选用这些方法来确定形心，那么对于统计学知识的要求就已经超出了本书的范围。但是基于我们的常识，对于一个棘手的问题是值得尝试不同的方法并对结果进行抽样的。它们在实现上并没有太大的区别。

6.6　实际应用

聚类通常是数据科学家和统计分析师进行的工作。它作为一种解释各领域数据的方法被广泛使用。特别是对数据集的结构知之甚少时，*k* 均值聚类是一种有用的技术。

在数据分析领域，聚类是一种必不可少的技术。例如，当公安部门的主管想要知道该把巡逻警力投放到哪里时，当快餐店老板想要找出优质客户以便发送促销信息时，当船舶租赁运营商希望通过分析事故发生的时间和原因来避免事故的发生时。我们可以思考一下他们该如何利用聚类算法来解决这些问题。

聚类还有助于模式识别，它可以检测出那些容易被人忽略的模式。例如，聚类有时在生物学中被用来识别不一致的细胞群。

在图像识别中，聚类可以识别不明显的特征。单个像素可以被看作数据点，它们之间的关系可以用距离和颜色差异来定义。

在政治学中，聚类算法可以用来寻找目标选民，或发现同类选民可能会对哪些议题更为关注。

6.7 习题

1. 创建一个能将CSV文件中的数据导入`DataPoint`的函数。
2. 利用诸如AWT、Swing或JavaFX这样的GUI框架或图形库来创建一个函数，为`KMeans`在二维数据集上运行的结果绘制着色散点图。
3. 为`KMeans`创建一个新的初始化函数，不使用随机的初始形心，而是由初始化函数的参数给出形心。
4. 研究并实现*k*-means++算法。

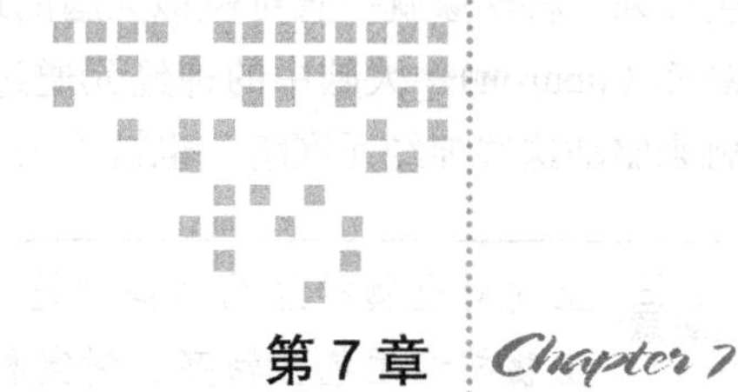

第 7 章 Chapter 7

简单神经网络

如今，当我们听到关于人工智能取得的进步时，通常关注的是名为*机器学习*（machine learning）的特定子学科。所谓机器学习是指计算机在不被明确告知的情况下就能学习一些新的知识。这些进步往往是由一种被称为*神经网络*（neural network）的机器学习技术所推动的。尽管神经网络在几十年前就已经被发明了，但随着硬件的改进和研究驱动型软件技术的开发，神经网络取得了某种程度的复兴。而在复兴的过程中开启了名为*深度学习*（deep learning）的新范式。

深度学习已经被证明是一种具备广泛适用性的技术。从对冲基金算法到生物信息学，到处都有它的用武之地。图像识别和语音识别是消费者熟悉的两种深度学习应用。当你问数字助理体温天气情况，抑或是用拍照程序进行人脸识别时，就很有可能运行了某些深度学习算法。

深度学习技术使用的构建模块与简单的神经网络相同。在本章中，我们将通过最简单的神经网络来探讨这些模块。这里采用的实现方式不是最先进的，但它可以为理解深度学习打好基础。深度学习涉及的神经网络比我们将要构建的神经网络更为复杂。大多数机器学习的业内人士不会从零开始构建神经网络，他们会利用当前流行且高度优化的现成框架来完成繁重的任务。虽然本章无法帮助我们学习某种特定框架的使用方式，而且即将构建的神经网络也无法应用于实际应用中，但它仍将帮助我们了解那些框架底层的工作方式。

7.1 生物学基础

人类大脑是现存最令人难以置信的计算设备。它无法像微处理器那样快速地处理数字，但它适应新情况、学习新技能和进行创新的能力是任何已知机器都无法超越的。自计算机诞生以来，科学家就一直对模拟大脑的运行机制非常感兴趣。大脑中的每个神经细胞被称为神经元（neuron）。大脑中的神经元通过被称为突触（synapse）的连接彼此相连。电流通过突触来驱动这些神经元网络，也被称为神经网络（neural network）。

注意 上述对生物神经元的描述是出于类比的目的而进行的粗略且简化的说法。事实上，生物神经元包含轴突、树突和细胞核等部分，这会令人回想起高中的生物课。突触实际上是神经元之间的间隙，这里分泌出的神经递质能够传递电信号。

尽管科学家已经识别出了神经元的组成部分和功能，但仍然没能理解生物神经网络形成复杂思维模式的细节。例如，它们如何处理信息？如何形成原始思维？我们关于大脑的工作方式的大部分认知都来自宏观层面的观察。使用功能性磁共振成像（functional Magnetic Resonance Imaging，fMRI）对大脑进行扫描，可以显示出当人在进行某种特定活动或思考某个想法时的血液流动方位（见图 7.1）。通过这些宏观技术，我们能够推断出大脑各个部分的连接情况，但这些技术无法解释各个神经元帮助开发新想法的奥秘。

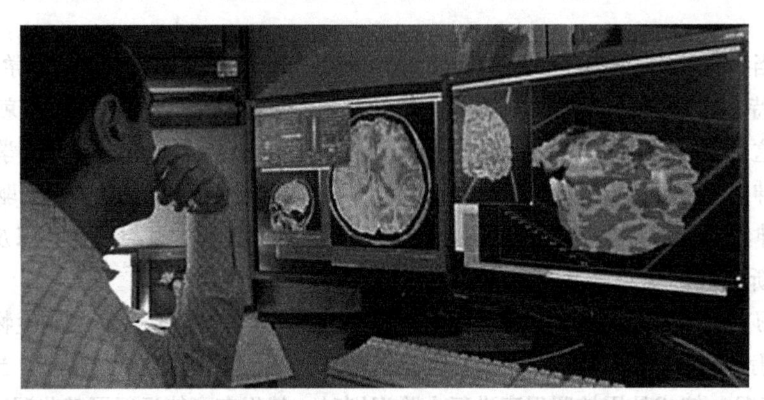

图 7.1 一位研究人员正在研究大脑的功能性磁共振成像。fMRI 图像并不能告诉我们单个神经元是如何工作的，或者神经网络是如何组织的（资料来源：美国国家心理健康研究所）

世界各地的科学家团队正在竞相解开大脑的秘密，但请思考一下这样一个问题：人类大脑大约有 1000 亿个神经元，每个神经元可能与多达数万个其他神经元相连。即使是一台拥有数十亿逻辑门和数万亿字节（TB）级内存的计算机，也无法用今天的技术对人脑进行建模。在可预见的未来，人类仍然可能是最先进的通用学习实体。

注意 强人工智能——也就是通用人工智能（artificial general intelligence）——的目标是制造出与人类能力相当的通用学习机。时至今日，它仍然是科幻小说中的素材。而弱人工智能则是当前能见到的一种人工智能：计算机能够智能地解决预先设定好的特定任务。

如果我们没能完全理解生物神经网络的话，又该如何将其建模为高效的计算技术呢？虽然数字神经网络，也被称为人工神经网络（artificial neural network），是受生物神经网络启发而产生的，灵感源于它们之间的共同点。但是现代人工神经网络并不能完全像生物神经网络那样工作。事实上，这也是不可能做到的，因为人们尚不完全了解生物神经网络如何开展工作。

7.2 人工神经网络

在本节中，我们将介绍最常见的人工神经网络类型，即带有反向传播的前馈网络，后续还会为其编写代码。前馈意味着信号在网络上通常往一个方向传递。反向传播则表示每次信号在网络中传播结束后都要查明误差，并尝试在网络上将这些误差的修正方案进行反向分发，会对那些对误差负有最大责任的神经元产生影响。其他类型的人工神经网络还有很多，本章内容或许会激起大家进一步探索的兴趣。

7.2.1 神经元

神经元是人工神经网络的最小单元。它包含一个权重向量和一个输入向量，它们都由一串浮点数构成。神经元用点积操作将输入和权重结合在一起。然后对该点积结果执行激活函数，将结果输出。这个过程与真正的神经元行为类似。

激活函数是神经元输出的转换器。由于激活函数是非线性的，因此可以用神经网络来表示非线性问题的解。如果没有激活函数，则整个神经网络就只是一个线性变换。图 7.2 展示了一个神经元及其操作。

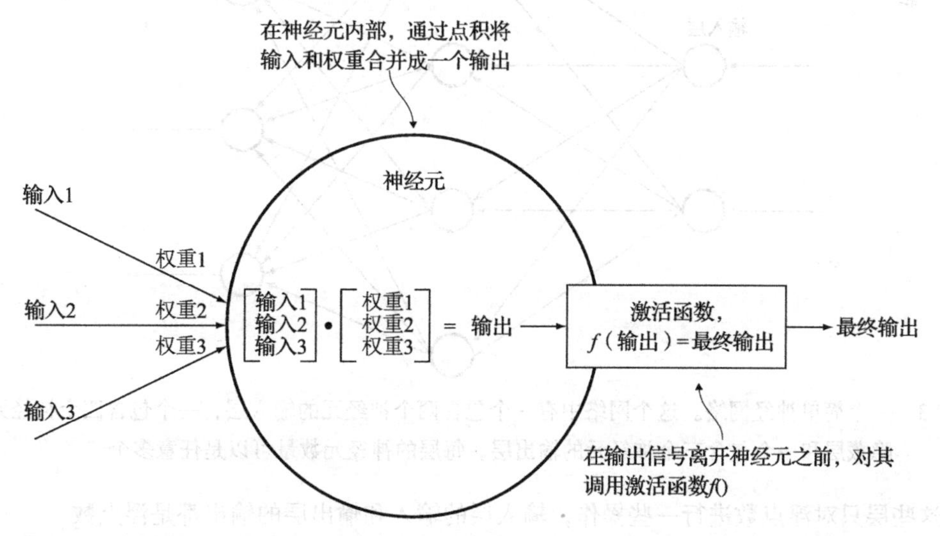

图 7.2　单个神经元将其权重与输入信号相结合，产生一个经激活函数修正的输出信号

注意 本节中的一些数学术语可能不会出现在微积分预备课程或线性代数课程中。对向量或点积的解释已经超出了本章的范围。不过即使你没有完全理解这些数学知识，也能从本章后续内容中神经网络的行为获得一些直观的了解。本章后面会出现一些微积分的知识，包括导数和偏导数。不过就算你不了解这些数学知识，也是能理解这些代码的。事实上，本章不会解释如何用微积分推导公式。本章的重点是求导的应用。

7.2.2 层

在典型的前馈人工神经网络中，神经元是分层组织的。每层由排成行或列的一定数量的神经元构成。排成行还是列取决于图表，但两者是等价的。在即将构建的前馈网络中，信号总是以单一方向从一层传递到下一层。每层中的神经元发送其输出信号，作为下一层神经元的输入。每一层的每个神经元都与下一层的每个神经元相连。

第一层被称为*输入层*，它从某个外部实体接收信号。最后一层称为*输出层*，其输出通常必须经由外部角色解释才能得出有意义的结果。输入层和输出层之间的层被称为*隐藏层*。我们即将构建的简单神经网络只有一个隐藏层，但深度学习网络的隐藏层会有很多。图 7.3 展示了简单神经网络中各层的协同工作过程。请注意某一层的输出是如何被用作下一层每个神经元的输入的。

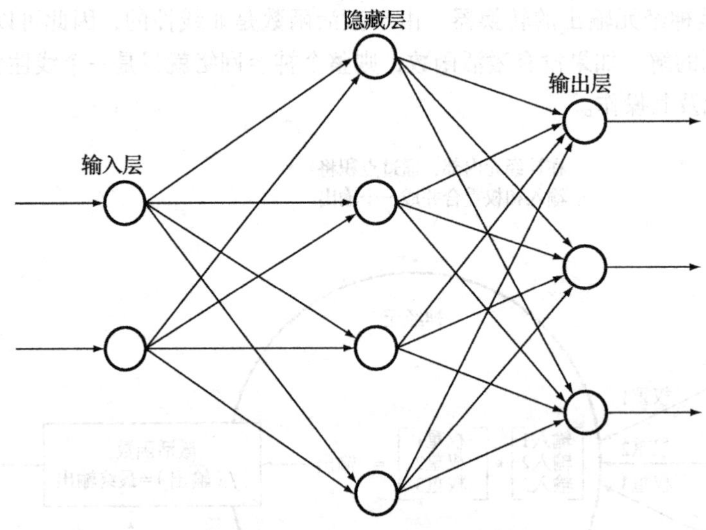

图 7.3　一个简单神经网络。这个网络中有一个包含两个神经元的输入层，一个包含四个神经元的隐藏层和一个包含三个神经元的输出层。每层的神经元数量可以是任意多个

这些层只对浮点数进行一些操作，输入层的输入和输出层的输出都是浮点数。

显然，这些数字必须代表一些有意义的东西。不妨将此神经网络想象成是用来对动物

的黑白小图片进行分类的。也许输入层有100个神经元，代表10×10像素的动物图片各像素的灰度值。而输出层有5个神经元，代表图片是哺乳动物、爬行动物、两栖动物、鱼类或鸟类的可能性。最终的分类结果可以由浮点数输出值最大的那个输出神经元来决定。假设输出的数值分别为0.24、0.65、0.70、0.12和0.21，则此图像中的动物为两栖动物。

7.2.3 反向传播

人工神经网络中最后一个概念是反向传播，也是最复杂的部分。反向传播用来在神经网络的输出中发现误差，并修正神经元的权重，以减少后续运行中的误差。某个神经元造成的误差越大，则对其进行的修正就会越多。但是误差从何而来呢？我们如何才能知道存在误差呢？误差由被称为训练的神经网络应用阶段获得。

提示 本章会有几个步骤写成了数学公式（用文字表达写出）。在配图中使用了伪公式（符号不一定很恰当）。这种写法可以让不熟悉数学符号的读者更容易读懂这些公式。如果你对更正规的符号及公式的推导感兴趣，请参阅Norvig和Russell的*Artificial Intelligence*[⊖]。

大多数神经网络在使用之前都必须经过训练。我们必须知道通过某些输入能够获得的正确输出，以便用预期输出和实际输出的差值来查找误差并修正权重。也就是说，神经网络在最开始的时候一无所知，直到它们知晓对于某组特定输入集的正确答案，在这之后才能为其他输入做好准备。反向传播仅发生在训练期间。

注意 由于大多数神经网络都必须经过训练，因此它们被认为是一种有监督的机器学习。回顾第6章，*k*均值聚类算法和其他聚类算法被认为是一种无监督的机器学习算法。因为它们一旦启动，就无须进行外部干预。除本章介绍的这种神经网络之外，还有一些其他类型的神经网络是不需要进行预训练的。这些神经网络可被视为无监督的机器学习。

反向传播的第一步是计算神经网络针对某一输入得到的输出与预期输出之间的误差。这个误差会扩散到输出层的所有神经元（每个神经元都有一个预期输出和实际输出）。然后，输出神经元激活函数的导数，将会作用于该神经元在其激活函数被应用之前输出的值（这里缓存了一份应用激活函数前的输出值）。将求导结果再乘以神经元的误差，得到delta。该公式用到了偏导数，其微积分推导过程不在本书的讨论范围。大致就是要计算出每个输出神经元承担的误差量。有关此计算的示意图，如图7.4所示。

⊖ Stuart Russell and Peter Norvig, *Artificial Intelligence*: *A Modern Approach*, 3rd ed.(Pearson, 2010).

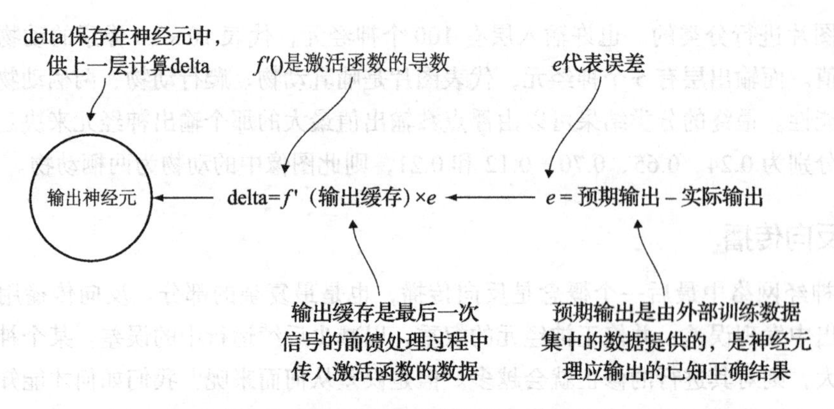

图 7.4 在训练的反向传播阶段计算输出神经元 delta 的机制

然后必须为网络所有隐藏层中的每个神经元计算 delta。每个神经元对输出层的不正确输出所承担的责任都必须明确。输出层中的 delta 将会用于计算上一个隐藏层中的 delta。根据下层各神经元权重的点积和在下层中算出的 delta，可以算出上一层的 delta。将这个值乘以调用神经元最终输出（在调用激活函数之前已缓存）的激活函数的导数，即可获得当前神经元的 delta。同样，这个公式是用偏导数推导出的，相关介绍可以在专业的数学课本中找到。

图 7.5 呈现了隐藏层中各神经元的 delta 的实际计算过程。在包含多个隐藏层的网络中，神经元 O1、O2 和 O3 可能不属于输出层，而属于下一个隐藏层。

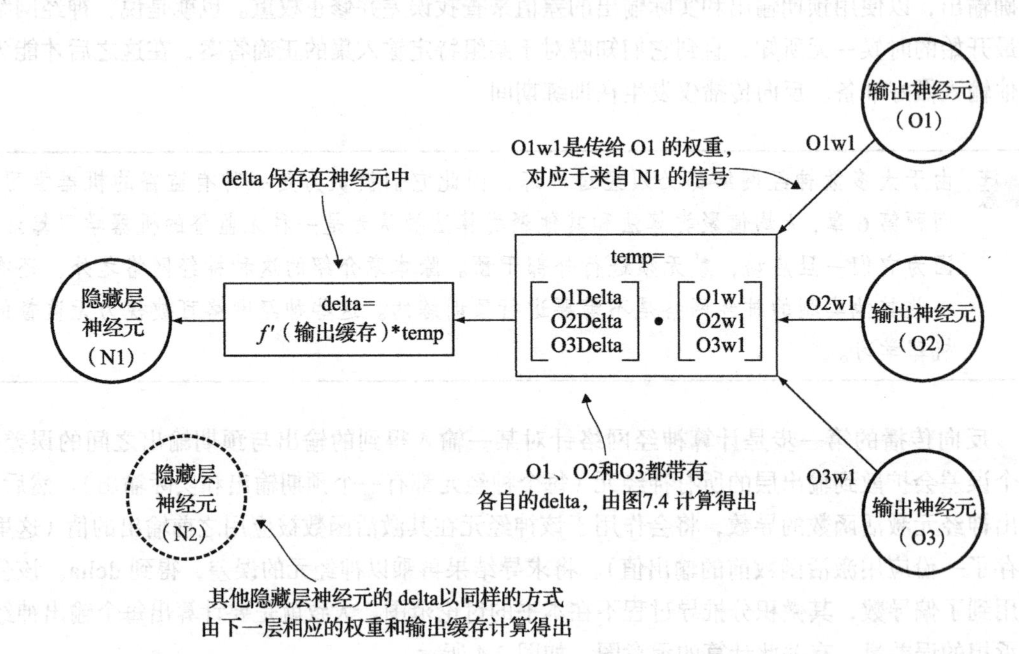

图 7.5 隐藏层和输出层中每个神经元的权重使用前面步骤中计算的 delta、先验权重、先验输入和用户确定的学习率来更新

最重要的一点是，网络中每个神经元的权重都必须进行更新，更新方式是把每个权重的最近一次输入、神经元的 delta 和一个名为学习率的数相乘，再将结果与现有权重相加。这种改变神经元权重的方式被称为梯度下降。这就像爬一座小山，表示神经元的误差函数向最小误差的点不断靠近。delta 代表了爬山的方向，学习率则会影响攀爬的速度。不经过反复的试错，很难为未知的问题确定良好的学习率。图 7.6 呈现了隐藏层和输出层中每个权重的更新方式。

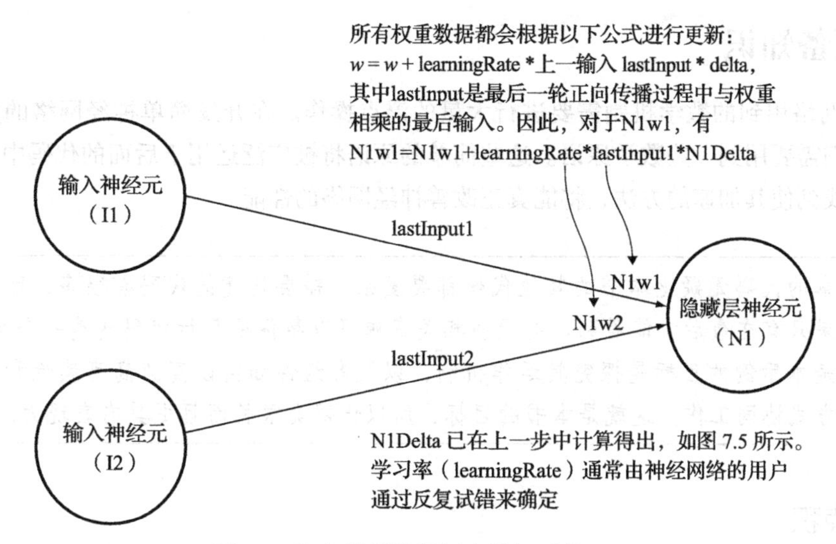

图 7.6　如何计算隐藏层中神经元的 delta

一旦权重更新完毕，神经网络就可以用其他输入和预期输出再次进行训练。此过程将一直重复下去，直至该神经网络的用户认为其已经训练好了。这可以通过测试已知正确输出的输入来确定。

反向传播确实比较复杂，仅凭本节的讲解可能还不够。如果你还未掌握所有细节，也不必过于担心。在理想情况下，编写反向传播算法的实现代码可以提升你对它的理解程度。在实现神经网络和反向传播时，请牢记一个首要主题：反向传播是一种根据每个权重对造成不正确输出所承担的责任来调整该权重的方法。

7.2.4　全貌

本节已经介绍了很多基础知识。虽然细节还没有呈现出什么意义，但重要的是要牢记反向传播的前馈网络具备以下几个特点：

- 信号（浮点数）在各个神经元间单向传递，这些神经元按层组织在一起。每层所有的神经元都与下一层的每个神经元相连。
- 每个神经元（输入层除外）都将对接收到的信号进行处理，将信号与权重（也是浮点数）合并在一起并调用激活函数。

- 在训练过程中，将网络的输出与预期输出进行比较，计算出误差。
- 误差在网络中反向传播（返回出发地）以修改权重，使其更有可能创建正确的输出。

训练神经网络的方法远不止本书介绍的这一种。信号在神经网络中的移动方式还有很多种。这里介绍的以后续将要实现的方法，只是一种特别常见的形式，适合作为一种正规的介绍。附录B列出了进一步学习神经网络（包括其他类型）和数学知识所需的资源。

7.3 预备知识

神经网络用到的数学机制需要进行大量的浮点操作。在开发简单神经网络的实际结构之前，我们需要用到一些数学原语。这些简单的原语将被广泛运用于后面的代码中，因此如果我们能找到使其加速的方法，将能真正改善神经网络的性能。

警告 本章的代码无疑比本书的其他代码都要复杂。需要构建的代码有很多，而实际执行结果只有在最后才能看到。有很多相关资源可以帮你用几行代码构建一个神经网络，但是本示例的目标是探究其运作机制，以及各组件如何以高速高可读性和高扩展性的方式协同工作。这就是本书的目标，所以代码会很长而且更具有表现力。

7.3.1 点积

大家可能还记得，在前馈阶段和反向传播阶段都需要用到点积。我们将静态工具方法保存在Util类中。与本章中的所有代码一样，这是一个非常简单的实现，不会考虑任何性能问题。在产品库中，将使用向量指令，如7.6节所述。

代码清单7.1 Util.java

```
package chapter7;

import java.io.BufferedReader;
import java.io.IOException;
import java.io.InputStream;
import java.io.InputStreamReader;
import java.util.ArrayList;
import java.util.Arrays;
import java.util.Collections;
import java.util.List;
import java.util.stream.Collectors;

public final class Util {

    public static double dotProduct(double[] xs, double[] ys) {
        double sum = 0.0;
        for (int i = 0; i < xs.length; i++) {
```

```
        sum += xs[i] * ys[i];
    }
    return sum;
}
```

7.3.2 激活函数

回想一下，激活函数在信号传递到下一层之前会对神经元的输出进行转换（见图 7.2）。激活函数有两个作用：一是它允许神经网络不只是能表示线性变换的解（只要激活函数本身不只是线性变换），二是它可以将每个神经元的输出保持在一定范围内。激活函数应该具有可计算的导数，以便它可以用于反向传播。

sigmoid 函数是一组常用的激活函数。图 7.7 展示了一种特别流行的 sigmoid 函数，它在图中被称为 $S(x)$，图中还给出了它的表达式及其导数（$S'(x)$）。sigmoid 函数的结果一定是介于 0 和 1 之间的值。大家即将看到，让数值始终保持在 0 和 1 之间对神经网络来说是很有用的。图 7.7 中的公式很快就会出现在代码中了。

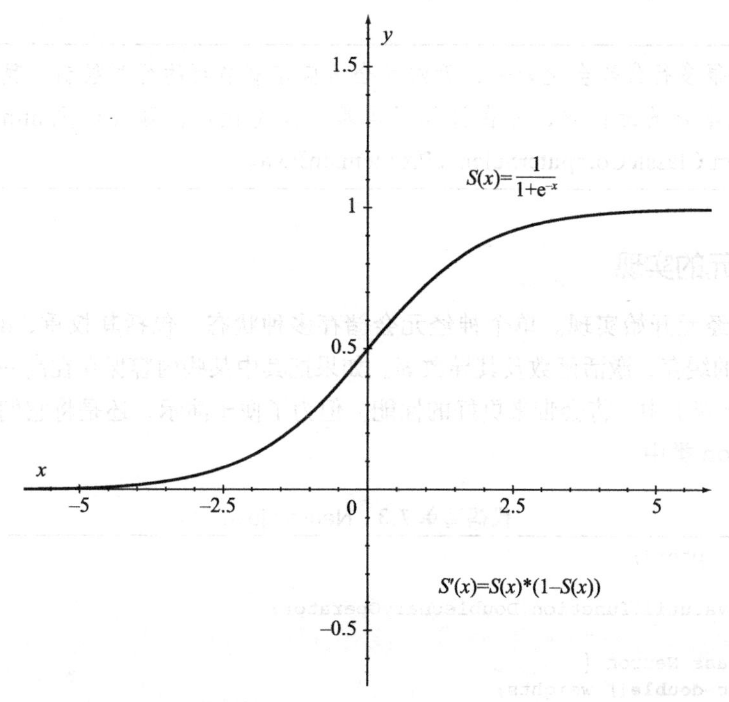

图 7.7 sigmoid 激活函数（$S(x)$）将始终返回一个介于 0 和 1 之间的值。注意，它的导数（$S'(x)$）也很容易计算

其他的激活函数还有很多，但这里将采用 sigmoid 函数。下面把图 7.7 中的公式直接转换为代码，如代码清单 7.2 所示。

代码清单7.2 Util.java续

```
    // the classic sigmoid activation function
    public static double sigmoid(double x) {
        return 1.0 / (1.0 + Math.exp(-x));
    }

    public static double derivativeSigmoid(double x) {
        double sig = sigmoid(x);
        return sig * (1.0 - sig);
    }
```

7.4 构建神经网络

我们将创建类来对神经网络中的三种组织单位（神经元、层和网络）建模。为简单起见，将从最小的神经元开始，再到核心组件（层），直至构建最大组件（整个神经网络）。随着组件从小变到大，我们会对上一层进行封装。神经元对象只能看到自己。层对象会看到其包含的神经元和其他层。神经网络对象则能看到全部的层。

> 注意 本章有很多行代码会比较长，无法完全适应印刷书籍的行宽限制。我们强烈建议读者下载本章的源代码，并在计算机屏幕上浏览代码，源代码见 https://github.com/davecom/ClassicComputerScienceProblemsInJava。

7.4.1 神经元的实现

我们从神经元开始实现。单个神经元会储存多种状态，包括其权重、detla、学习率、最近一次输出的缓存、激活函数及其导数等。如果把其中某些内容保存在高一个级别的对象（未来的Layer类）中，将会带来更好的性能。但为了便于演示，还是将它们放在代码清单7.3中的Neuron类中。

代码清单7.3 Neuron.java

```
package chapter7;

import java.util.function.DoubleUnaryOperator;

public class Neuron {
    public double[] weights;
    public final double learningRate;
    public double outputCache;
    public double delta;
    public final DoubleUnaryOperator activationFunction;
    public final DoubleUnaryOperator derivativeActivationFunction;

    public Neuron(double[] weights, double learningRate, DoubleUnaryOperator
```

```
            activationFunction, DoubleUnaryOperator derivativeActivationFunction) {
        this.weights = weights;
        this.learningRate = learningRate;
        outputCache = 0.0;
        delta = 0.0;
        this.activationFunction = activationFunction;
        this.derivativeActivationFunction = derivativeActivationFunction;
    }

    public double output(double[] inputs) {
        outputCache = Util.dotProduct(inputs, weights);
        return activationFunction.applyAsDouble(outputCache);
    }

}
```

这些参数中的大多数是在构造函数中初始化的。因为 delta 和 outputCache 在第一次创建神经元时未知，所以它们被初始化为 0.0。其中几个变量（learningRate、activationFunction 和 derivativeActivationFunction）是预先设定好的，那么为什么我们要让它们在神经元层面上可被配置呢？如果这个 Neuron 类要与其他类型的神经网络一起使用，那么这些值可能会因神经元的不同而不同，因此为了保证最大的灵活性，将它们定义为可配置的。有的神经网络会随着解的接近而改变学习率，并自动尝试不同的激活函数。因此我们把变量声明为 final 类型保证它们不能在中途更改。如果想将它们变成非 final 类型，修改起来也非常简单。

除了构造函数之外，还有一个 output() 方法。output() 的参数为进入神经元的输入信号（inputs），它调用本章前面讨论过的公式（见图 7.2）。输入信号通过点积操作与权重合并在一起，并缓存在 outputCache 中。回想一下关于反向传播的部分，在应用激活函数之前获得的这个值用于计算 delta。最后，在信号被发送到下一层（通过从 output() 返回）之前，将对其应用激活函数。

这个神经网络中的神经元个体非常简单。除了读取输入信号，对其进行转换并发送结果以供进一步处理之外，不会做任何事情。它维护着供其他类使用的几种状态数据。

7.4.2　层的实现

本章神经网络中的层对象需要维护三种状态数据：所含神经元、上一层和输出缓存。输出缓存类似于神经元的缓存，但高一个级别。它缓存了层中每一个神经元在调用激活函数之后的输出。

在创建时，层对象的主要职责是初始化其内部的神经元。因此，Layer 类的构造函数需要知道应该初始化多少个神经元，它们的激活函数是什么，以及它们的学习率是多少。在这个简单的神经网络中，层中的每个神经元都有相同的激活函数和学习率。

代码清单 7.4　Layer.java

```
package chapter7;

import java.util.ArrayList;
import java.util.List;
import java.util.Optional;
import java.util.Random;
import java.util.function.DoubleUnaryOperator;

public class Layer {
    public Optional<Layer> previousLayer;
    public List<Neuron> neurons = new ArrayList<>();
    public double[] outputCache;

    public Layer(Optional<Layer> previousLayer, int numNeurons, double
     learningRate, DoubleUnaryOperator activationFunction, DoubleUnaryOperator
     derivativeActivationFunction) {
        this.previousLayer = previousLayer;
        Random random = new Random();
        for (int i = 0; i < numNeurons; i++) {
            double[] randomWeights = null;
            if (previousLayer.isPresent()) {
                randomWeights = random.doubles(previousLayer.get().neurons
 .size()).toArray();
            }
            Neuron neuron = new Neuron(randomWeights, learningRate,
 activationFunction, derivativeActivationFunction);
            neurons.add(neuron);
        }
        outputCache = new double[numNeurons];
    }
```

当信号在神经网络中前馈时，Layer必须让每个神经元都对其进行处理。请注意，层中的每个神经元都会接收到上一层中每个神经元传入的信号。outputs()正是如此处理的。outputs()还会返回处理后的结果（以便经由网络传递到下一层）并将输出缓存一份。如果不存在上一层，则表示本层为输入层，只要将信号向前传递给下一层即可。

代码清单 7.5　Layer.java 续

```
    public double[] outputs(double[] inputs) {
        if (previousLayer.isPresent()) {
            outputCache = neurons.stream().mapToDouble(n ->
 n.output(inputs)).toArray();
        } else {
            outputCache = inputs;
        }
        return outputCache;
    }
```

在反向传播时，需要计算两种不同类型的delta：输出层中神经元的delta和隐藏层中神经元的delta。图7.4和图7.5中分别给出了公式的描述。下面的两个方法只是机械地将公式转换成了代码。稍后在反向传播过程中神经网络对象将会调用这两个方法。

代码清单 7.6　Layer.java 续

```
    // should only be called on output layer
    public void calculateDeltasForOutputLayer(double[] expected) {
        for (int n = 0; n < neurons.size(); n++) {
            neurons.get(n).delta =
neurons.get(n).derivativeActivationFunction.applyAsDouble(neurons.get(n)
.outputCache)
                    * (expected[n] - outputCache[n]);
        }
    }

    // should not be called on output layer
    public void calculateDeltasForHiddenLayer(Layer nextLayer) {
        for (int i = 0; i < neurons.size(); i++) {
            int index = i;
            double[] nextWeights = nextLayer.neurons.stream().mapToDouble(n ->
n.weights[index]).toArray();
            double[] nextDeltas = nextLayer.neurons.stream().mapToDouble(n ->
n.delta).toArray();
            double sumWeightsAndDeltas = Util.dotProduct(nextWeights,
nextDeltas);
            neurons.get(i).delta = neurons.get(i).derivativeActivationFunction
            .applyAsDouble(neurons.get(i).outputCache) * sumWeightsAndDeltas;
        }
    }

}
```

7.4.3　神经网络的实现

神经网络对象本身只包含一种状态数据，即神经网络管理的层对象。Network 类负责初始化这些层。

构造函数的参数为一个可以描述网络结构的 int 类型数组，例如，数组 {2, 4, 3} 描述的网络为输入层有 2 个神经元，隐藏层有 4 个神经元，输出层有 3 个神经元的网络。在这个简单的网络中，假设网络中的所有层都将采用相同的神经元激活函数和学习率。

代码清单 7.7　Network.java

```
package chapter7;

import java.util.ArrayList;
import java.util.List;
import java.util.Optional;
import java.util.function.DoubleUnaryOperator;
import java.util.function.Function;

public class Network<T> {
    private List<Layer> layers = new ArrayList<>();
```

```
    public Network(int[] layerStructure, double learningRate,
            DoubleUnaryOperator activationFunction, DoubleUnaryOperator
 derivativeActivationFunction) {
        if (layerStructure.length < 3) {
            throw new IllegalArgumentException("Error: Should be at least 3
 layers (1 input, 1 hidden, 1 output).");
        }
        // input layer
        Layer inputLayer = new Layer(Optional.empty(), layerStructure[0],
 learningRate, activationFunction, derivativeActivationFunction);
        layers.add(inputLayer);
        // hidden layers and output layer
        for (int i = 1; i < layerStructure.length; i++) {
            Layer nextLayer = new Layer(Optional.of(layers.get(i - 1)),
 layerStructure[i], learningRate, activationFunction,
 derivativeActivationFunction);
            layers.add(nextLayer);
        }
    }
```

注意 泛型类型T代表数据集中最终分类类别的类型。它只在类的final方法validate()中使用。

神经网络的输出是信号经由其所有层传递之后的结果。

代码清单 7.8 Network.java 续

```
    // Pushes input data to the first layer, then output from the first
    // as input to the second, second to the third, etc.
    private double[] outputs(double[] input) {
        double[] result = input;
        for (Layer layer : layers) {
            result = layer.outputs(result);
        }
        return result;
    }
```

backpropagate()方法负责计算网络中每个神经元的delta。它依次调用Layer中的calculateDeltasForOutputLayer()方法和calculateDeltasForHiddenLayer()方法。它会把给定输入集的预期输出值传递给calculateDeltasForOutputLayer()。该方法将用预期输出值求出误差，以供计算delta时使用。

代码清单 7.9 Network.java 续

```
    // Figure out each neuron's changes based on the errors of the output
    // versus the expected outcome
    private void backpropagate(double[] expected) {
        // calculate delta for output layer neurons
        int lastLayer = layers.size() - 1;
        layers.get(lastLayer).calculateDeltasForOutputLayer(expected);
```

```
        // calculate delta for hidden layers in reverse order
        for (int i = lastLayer - 1; i >= 0; i--) {
            layers.get(i).calculateDeltasForHiddenLayer(layers.get(i + 1));
        }
    }
```

backpropagate() 负责计算所有的delta，但它不会真的去修改网络中的权重。updateWeights() 必须在 backpropagate() 之后才能被调用，因为权重的修改依赖delta。这个方法见图7.6中的公式。

代码清单 7.10 Network.java 续

```
    // backpropagate() doesn't actually change any weights
    // This function uses the deltas calculated in backpropagate() to
    // actually make changes to the weights
    private void updateWeights() {
        for (Layer layer : layers.subList(1, layers.size())) {
            for (Neuron neuron : layer.neurons) {
                for (int w = 0; w < neuron.weights.length; w++) {
                    neuron.weights[w] = neuron.weights[w] + (neuron.learningRate
    * layer.previousLayer.get().outputCache[w] * neuron.delta);
                }
            }
        }
    }
```

在每轮训练结束时，会对神经元的权重进行修改。必须向神经网络提供训练数据集（同时给出输入与预期的输出）。train() 方法的参数为同为 List<double[]> 类型的输入列表和预期输出列表。该方法在神经网络上运行每一组输入，然后以预期输出为参数调用backpropagate()，然后再调用 updateWeights() 以更新网络的权重。不妨试着在train() 方法中添加代码，使得在神经网络中传递训练数据集时能把误差率打印出来，以便于查看梯度下降过程中误差率是如何逐渐降低的。

代码清单 7.11 Network.java 续

```
    // train() uses the results of outputs() run over many inputs and compared
    // against expecteds to feed backpropagate() and updateWeights()
    public void train(List<double[]> inputs, List<double[]> expecteds) {
        for (int i = 0; i < inputs.size(); i++) {
            double[] xs = inputs.get(i);
            double[] ys = expecteds.get(i);
            outputs(xs);
            backpropagate(ys);
            updateWeights();
        }
    }
```

神经网络经过训练后，我们需要对其进行测试。validate() 参数为输入和预期输出（与 train() 的参数没什么区别），但它们不会用于训练，而会用来计算准确率。这里假定网络已经过训练。validate()还有一个参数，即interpretOutput()函数，该函数用于解释神经网络的输出，以便将其与预期输出进行比较。也许预期输出不是一组浮点数，而是像"Amphibian"这样的字符串。interpretOutput()必须读取作为网络输出的浮点数，并将其转换为可以与预期输出相比较的数据。它是特定于某数据集的自定义函数。validate()将返回分类成功的类别数量、通过测试的样本总数和成功分类的百分比。这三个值被封装在Results类型中。

代码清单 7.12 Network.java 续

```
    public class Results {
        public final int correct;
        public final int trials;
        public final double percentage;

        public Results(int correct, int trials, double percentage) {
            this.correct = correct;
            this.trials = trials;
            this.percentage = percentage;
        }
    }

    // for generalized results that require classification
    // this function will return the correct number of trials
    // and the percentage correct out of the total
    public Results validate(List<double[]> inputs, List<T> expecteds,
     Function<double[], T> interpret) {
        int correct = 0;
        for (int i = 0; i < inputs.size(); i++) {
            double[] input = inputs.get(i);
            T expected = expecteds.get(i);
            T result = interpret.apply(outputs(input));
            if (result.equals(expected)) {
                correct++;
            }
        }
        double percentage = (double) correct / (double) inputs.size();
        return new Results(correct, inputs.size(), percentage);
    }
}
```

至此，神经网络就完成了，可以用来进行一些实际问题的测试。虽然此处构建的架构是通用的，足以应对各种不同的问题，但这里将重点解决一种常见的问题，即分类问题。

7.5 分类问题

在第6章中，我们用k均值聚类对数据集进行了分类，那时对每个单独数据的归属没有预先的设定。在聚类过程中，我们知道需要找到数据的一些类别，但事先不知道这些类别是什么。在分类问题中，我们仍然要尝试对数据集进行分类，但是会有预设的类别。例如，假设要对一组动物图片进行分类，我们可能会提前确定哺乳动物、爬行动物、两栖动物、鱼类和鸟类等类别。

可用于解决分类问题的机器学习技术有很多。或许你听说过支持向量机、决策树或朴素贝叶斯分类算法。近年来，神经网络已经在分类领域中得到了广泛应用。与其他的一些分类算法相比，神经网络的计算更为密集，但它能够对表面看不出是什么类型的数据进行分类，这使其成为一种强大的技术。现在的照片软件中很多有趣的图像分类操作背后都用到了神经网络分类算法。

为什么对分类问题应用神经网络出现了复兴现象呢？因为硬件的运行速度已经变得足够快。与其他算法相比，神经网络需要的额外计算量相对于获得的收益而言变得非常划算。

7.5.1 数据的归一化

数据在被输入神经网络之前，通常需要进行一些清理工作，可能包括移除无关字符、删除重复项、修复错误和其他琐事。对于即将被处理的两个数据集，需要执行的清理工作就是归一化。在第6章中，我们通过 `KMeans` 类中的 `zScoreNormalize()` 方法完成了归一化。归一化就是读取不同尺度（scale）记录的属性值，并将它们转化为相同的尺度。

由于有了 sigmoid 激活函数，神经网络中的每个神经元都会输出 0 ～ 1 之间的值。而且 0 ～ 1 之间的尺度对于输入数据集中的属性也是适合的。将尺度从某一范围转换为 0 ～ 1 并不难。对于最大值为 `max`、最小值为 `min` 的某个属性范围内的任意值 `V`，转换公式就是 `newV =(oldV-min)/(max-min)`。此操作被称为**特征值缩放**。下面是要添加到 `Util` 类的该操作的 Java 实现代码，以及用于从 CSV 文件加载数据和在数组中查找最大值的工具方法，以便本章的其余部分使用。

代码清单 7.13 Util.java 续

```java
    // Assume all rows are of equal length
    // and feature scale each column to be in the range 0 - 1
    public static void normalizeByFeatureScaling(List<double[]> dataset) {
        for (int colNum = 0; colNum < dataset.get(0).length; colNum++) {
            List<Double> column = new ArrayList<>();
            for (double[] row : dataset) {
                column.add(row[colNum]);
            }
            double maximum = Collections.max(column);
            double minimum = Collections.min(column);
            double difference = maximum - minimum;
            for (double[] row : dataset) {
                row[colNum] = (row[colNum] - minimum) / difference;
            }
        }
    }
    // Load a CSV file into a List of String arrays
    public static List<String[]> loadCSV(String filename) {
        try (InputStream inputStream = Util.class.getResourceAsStream(filename)) {
```

```
            InputStreamReader inputStreamReader = new
        InputStreamReader(inputStream);
            BufferedReader bufferedReader = new BufferedReader(inputStreamReader);
            return bufferedReader.lines().map(line -> line.split(","))
                    .collect(Collectors.toList());
        }
        catch (IOException e) {
            e.printStackTrace();
            throw new RuntimeException(e.getMessage(), e);
        }
    }

    // Find the maximum in an array of doubles
    public static double max(double[] numbers) {
        return Arrays.stream(numbers)
                .max()
                .orElse(Double.MIN_VALUE);
    }
}
```

normalizeByFeatureScaling() 中的 dataset 参数是对即将在原地被修改的 List<double[]> 类型列表的引用。也就是说，normalizeByFeatureScaling() 收到的不是数据集的副本，而是对原始数据集的引用。这里是要对值进行修改，而不是接收转换过的副本。Java 是按值传递的，但在本例中，我们是按值传递引用，因此获得了对同一列表的引用的副本。

另外请注意，本程序假定数据集是由浮点数构成的二维列表，即 List<double[]> 类型。

7.5.2 经典的鸢尾花数据集

就像经典的计算机科学问题一样，在机器学习中也有经典的数据集。这些数据集用于验证新技术，并将其与现有技术进行比较。对于第一次学习机器学习的人来说，它们也是很好的起点。最著名的机器学习数据集或许就是鸢尾花数据集了。该数据集最初收集于 20 世纪 30 年代，包含 150 个鸢尾花植物样本，分为 3 个不同的品种，每个品种 50 个样本。每一株植物都以 4 个不同的属性（萼片长度、萼片宽度、花瓣长度和花瓣宽度）进行考量。

值得注意的是，神经网络并不关心各种属性代表的含义。它的训练模型也不会区分萼片长度和花瓣长度的重要程度。如果需要进行这种区分，则由该神经网络的用户进行适当的调整。

本书附带的源码库包含了一个以鸢尾花数据集为特征值的逗号分割值（Comma-Separated Value，CSV）文件[1]。鸢尾花数据集来自美国加利福尼亚大学的 UCI 机器学习库[2]。

---

[1] GitHub 存储库见 https://github.com/davecom/ClassicComputerScienceProblems-InJava。

[2] M. Lichman, UCI Machine Learning Repository(Irvine, CA: University of California, School of Information and Computer Science, 2013), http://archive.ics.uci.edu/ml.

CSV 文件只是一个文本文件，其值以逗号分隔。CSV 文件是表格式数据（包括电子表格）的通用交换格式。

下面是 iris.csv 中的几行数据：

```
5.1,3.5,1.4,0.2,Iris-setosa
4.9,3.0,1.4,0.2,Iris-setosa
4.7,3.2,1.3,0.2,Iris-setosa
4.6,3.1,1.5,0.2,Iris-setosa
5.0,3.6,1.4,0.2,Iris-setosa
```

每行代表一个数据点。其中的 4 个数字分别代表了 4 种属性（萼片长度、萼片宽度、花瓣长度和花瓣宽度），再次声明，它们实际代表的意义是无所谓的。每行末尾的名称代表鸢尾花的特定品种。这 5 行都属于同一品种，因为此样本是从文件的开头读取的，3 类品种数据是各自放在一起保存的，每个品种都有 50 行数据。

为了从磁盘读取 CSV 文件，我们将使用 Java 标准库中的一些函数。这些都封装在我们之前在 `Util` 类中定义的 `loadCSV()` 方法中。除了这几行之外，`IrisTest` 构造函数（用于实际运行分类的类）的其余部分只是对 CSV 文件中的数据进行重新排列，以备神经网络训练和验证之用。

代码清单 7.14　IrisTest.java

```java
package chapter7;

import java.util.ArrayList;
import java.util.Arrays;
import java.util.Collections;
import java.util.List;

public class IrisTest {
    public static final String IRIS_SETOSA = "Iris-setosa";
    public static final String IRIS_VERSICOLOR = "Iris-versicolor";
    public static final String IRIS_VIRGINICA = "Iris-virginica";

    private List<double[]> irisParameters = new ArrayList<>();
    private List<double[]> irisClassifications = new ArrayList<>();
    private List<String> irisSpecies = new ArrayList<>();
    public IrisTest() {
        // make sure iris.csv is in the right place in your path
        List<String[]> irisDataset = Util.loadCSV("/chapter7/data/iris.csv");
        // get our lines of data in random order
        Collections.shuffle(irisDataset);
        for (String[] iris : irisDataset) {
            // first four items are parameters (doubles)
            double[] parameters = Arrays.stream(iris)
                    .limit(4)
                    .mapToDouble(Double::parseDouble)
                    .toArray();
            irisParameters.add(parameters);
            // last item is species
            String species = iris[4];
```

```
            switch (species) {
                case IRIS_SETOSA :
                    irisClassifications.add(new double[] { 1.0, 0.0, 0.0 });
                    break;
                case IRIS_VERSICOLOR :
                    irisClassifications.add(new double[] { 0.0, 1.0, 0.0 });
                    break;
                default :
                    irisClassifications.add(new double[] { 0.0, 0.0, 1.0 });
                    break;
            }
            irisSpecies.add(species);
        }
        Util.normalizeByFeatureScaling(irisParameters);
    }
```

irisParameters 代表每个样本的 4 种属性集，这些样本将用于对鸢尾花进行分类。irisClassifications 是每个样本的实际类别。此处的神经网络包含三个输出神经元，每个神经元代表一种可能的品种，例如最终输出 {0.9, 0.3, 0.1} 将代表山鸢尾（iris-setosa），因为第一个神经元代表该品种，这里它的数值最大。

为了训练，我们需要知道正确类别，因此每条鸢尾花数据都带有预先标记的类别。对于应为山鸢尾的花朵数据，irisClassifications 中的数据项将会是 {1.0, 0.0, 0.0}。这些值将用于计算每步训练后的误差。IrisSpecies 直接对应每条花朵数据应该归属的英文类别名称。山鸢尾在数据集中将被标记为 "Iris-setosa"。

警告

上述代码中缺少了错误检查代码，这会让代码变得相当危险。因此这些代码不适用于生产环境，但用来测试是没有问题的。

代码清单 7.15 IrisTest.java 续

```
    public String irisInterpretOutput(double[] output) {
        double max = Util.max(output);
        if (max == output[0]) {
            return IRIS_SETOSA;
        } else if (max == output[1]) {
            return IRIS_VERSICOLOR;
        } else {
            return IRIS_VIRGINICA;
        }
    }
```

irisInterpretOutput() 是一个工具函数，将会被传给神经网络对象中的 validate() 方法，用于识别正确的分类。

终于可以创建神经网络了。让我们定义一个 classify() 方法，该方法将用来设置神经网络并训练和运行该网络。

代码清单 7.16 IrisTest.java 续

```
    public Network<String>.Results classify() {
        // 4, 6, 3 layer structure; 0.3 learning rate; sigmoid activation
    function
        Network<String> irisNetwork = new Network<>(new int[] { 4, 6, 3 },
    0.3, Util::sigmoid, Util::derivativeSigmoid);
```

Network 构造函数中的 layerStructure 参数指定了一个带有 {4, 6, 3} 的三层网络（一个输入层、一个隐藏层和一个输出层）。输入层有 4 个神经元，隐藏层有 6 个神经元，输出层有 3 个神经元。输入层的 4 个神经元直接映射到用于对每个样本进行分类的 4 个参数。输出层的 3 个神经元直接映射到我们试图对每个输入进行分类的 3 个不同品种。隐藏层的 6 个神经元更多的是反复试验的结果，而不是某种公式。learningRate 也是如此。如果网络的准确率是次优的，可以用这两个值（隐藏层神经元的数量和学习率）进行实验。

代码清单 7.17 IrisTest.java 续

```
        // train over the first 140 irises in the data set 50 times
        List<double[]> irisTrainers = irisParameters.subList(0, 140);
        List<double[]> irisTrainersCorrects = irisClassifications.subList(0, 140);
        int trainingIterations = 50;
        for (int i = 0; i < trainingIterations; i++) {
            irisNetwork.train(irisTrainers, irisTrainersCorrects);
        }
```

这里将对 150 条鸢尾花数据集的前 140 条进行训练。从 CSV 文件中读取的数据行是经过重新排列的，这确保了每次运行程序时，训练的都是数据集的不同子集。注意，这 140 条鸢尾花数据会被训练 50 次，训练的次数将对神经网络的训练时间产生很大影响。尽管存在所谓的过拟合风险，但一般情况下训练次数越多，神经网络算法就越准确。最后的测试代码将会用数据集中的最后 10 条鸢尾花数据来验证分类的正确性。我们在 classify() 结束时执行此操作，然后从 main() 中运行网络。

代码清单 7.18 IrisTest.java 续

```
        // test over the last 10 of the irises in the data set
        List<double[]> irisTesters = irisParameters.subList(140, 150);
        List<String> irisTestersCorrects = irisSpecies.subList(140, 150);
        return irisNetwork.validate(irisTesters, irisTestersCorrects,
    this::irisInterpretOutput);
    }

    public static void main(String[] args) {
        IrisTest irisTest = new IrisTest();
        Network<String>.Results results = irisTest.classify();
        System.out.println(results.correct + " correct of " + results.trials
    + " = " + results.percentage * 100 + "%");
    }

}
```

上述所有工作引出了最终求解的问题：在数据集中随机选取 10 条鸢尾花数据，这里的神经网络对象可以对其中多少条数据进行正确分类？每个神经元的起始权重都是随机的，因此不同的运行可能会得出不同的结果。不妨试着对学习率、隐藏层神经元的数量和训练迭代次数进行调整，以便让神经网络对象变得更加准确。

最终应该会得出类似如下的结果：

```
9 correct of 10 = 90.0%
```

7.5.3 葡萄酒的分类

下面将用另一个数据集对本章的神经网络模型进行测试，该数据集是基于对多个意大利葡萄酒品种的化学分析得来的[1]。数据集中有 178 个样本，使用方式与鸢尾花数据集大致相同，只是 CSV 文件的布局稍有差别，下面给出一个示例：

```
1,14.23,1.71,2.43,15.6,127,2.8,3.06,.28,2.29,5.64,1.04,3.92,1065
1,13.2,1.78,2.14,11.2,100,2.65,2.76,.26,1.28,4.38,1.05,3.4,1050
1,13.16,2.36,2.67,18.6,101,2.8,3.24,.3,2.81,5.68,1.03,3.17,1185
1,14.37,1.95,2.5,16.8,113,3.85,3.49,.24,2.18,7.8,.86,3.45,1480
1,13.24,2.59,2.87,21,118,2.8,2.69,.39,1.82,4.32,1.04,2.93,735
```

每行的第一个值一定是 1 ～ 3 之间的整数，代表该条样本为 3 个品种之一。但请注意，这里用于分类的参数更多一些，在鸢尾花数据集中只有 4 个参数，而在这个葡萄酒数据集中，则有 13 个参数。

本章的神经网络模型的扩展性非常好，这里只需增加输入神经元的数量即可。WineTest.java 类似于 IrisTest.java，但为了适应数据文件的布局差异，需要进行一些微小的改动。

代码清单 7.19 WineTest.java

```
package chapter7;

import java.util.ArrayList;
import java.util.Arrays;
import java.util.Collections;
import java.util.List;

public class WineTest {
    private List<double[]> wineParameters = new ArrayList<>();
    private List<double[]> wineClassifications = new ArrayList<>();
    private List<Integer> wineSpecies = new ArrayList<>();

    public WineTest() {
        // make sure wine.csv is in the right place in your path
        List<String[]> wineDataset = Util.loadCSV("/chapter7/data/wine.csv");
```

[1] M. Lichman, UCI Machine Learning Repository(Irvine, CA: University of California, School of Information and Computer Science, 2013), http://archive.ics.uci.edu/ml.

```
        // get our lines of data in random order
        Collections.shuffle(wineDataset);
        for (String[] wine : wineDataset) {
            // last thirteen items are parameters (doubles)
            double[] parameters = Arrays.stream(wine)
                    .skip(1)
                    .mapToDouble(Double::parseDouble)
                    .toArray();
            wineParameters.add(parameters);
            // first item is species
            int species = Integer.parseInt(wine[0]);
            switch (species) {
                case 1 :
                    wineClassifications.add(new double[] { 1.0, 0.0, 0.0 });
                    break;
                case 2 :
                    wineClassifications.add(new double[] { 0.0, 1.0, 0.0 });
                    break;
                default :
                    wineClassifications.add(new double[] { 0.0, 0.0, 1.0 });
                    break;
            }
            wineSpecies.add(species);
        }
        Util.normalizeByFeatureScaling(wineParameters);
    }
```

wineInterpretOutput() 与 irisInterpretOutput() 类似。因为没有葡萄酒品种的名称，所以这里只能采用原始数据集给出的整数值。

代码清单 7.20 WineTest.java 续

```
    public Integer wineInterpretOutput(double[] output) {
        double max = Util.max(output);
        if (max == output[0]) {
            return 1;
        } else if (max == output[1]) {
            return 2;
        } else {
            return 3;
        }
    }
```

如前所述，在这个葡萄酒分类的神经网络模型中，层的参数需要用到 13 个输入神经元，每个参数一个神经元。此外，还需要 3 个输出神经元，因为葡萄酒品种有 3 种，就像有 3 种鸢尾花一样。有意思的是，虽然隐藏层中神经元的数量少于输入层中神经元的数量，但该神经网络对象的运行效果还算不错，一种直观的解释可能是某些输入参数其实对分类没有帮助，在处理过程中将它们剔除会很有意义。当然，事实上，这并不是隐藏层中神经元数量减少却仍能正常工作的原因，但这种直观的想法还是挺有趣的。

代码清单 7.21 WineTest.java 续

```
public Network<Integer>.Results classify() {
    // 13, 7, 3 layer structure; 0.9 learning rate; sigmoid activation func
    Network<Integer> wineNetwork = new Network<>(new int[] { 13, 7, 3 }, 0.9,
     Util::sigmoid, Util::derivativeSigmoid);
```

与之前一样，不妨试验一下不同数量的隐藏层神经元或不同的学习率，这会很有趣。

代码清单 7.22 WineTest.java 续

```
    // train over the first 150 wines in the data set 50 times
    List<double[]> wineTrainers = wineParameters.subList(0, 150);
    List<double[]> wineTrainersCorrects = wineClassifications.subList(0,
     150);
    int trainingIterations = 10;
    for (int i = 0; i < trainingIterations; i++) {
        wineNetwork.train(wineTrainers, wineTrainersCorrects);
    }
```

数据集中的前150个样本将用于训练，剩下最后28个样本将用于验证。样本的训练次数为10次，明显少于训练鸢尾花数据集的50次。不知出于何种原因（可能受数据集的固有特性影响，也可能是学习率和隐藏层神经元数量这些参数有调整），该数据集只需要少于鸢尾花数据集的训练次数就能达到高于鸢尾花数据集的准确率。

代码清单 7.23 WineTest.java 续

```
        // test over the last 28 of the wines in the data set
        List<double[]> wineTesters = wineParameters.subList(150, 178);
        List<Integer> wineTestersCorrects = wineSpecies.subList(150, 178);
        return wineNetwork.validate(wineTesters, wineTestersCorrects,
 this::wineInterpretOutput);
    }

    public static void main(String[] args) {
        WineTest wineTest = new WineTest();
        Network<Integer>.Results results = wineTest.classify();
        System.out.println(results.correct + " correct of " + results.trials
 + " = " + results.percentage * 100 + "%");
    }

}
```

如果幸运的话，这个神经网络应该能够相当准确地对28个样本进行分类：

```
27 correct of 28 = 96.42857142857143%
```

7.6 加速神经网络

神经网络需要用到大量的向量、矩阵方面的数学知识。从本质上说，这意味着要读取数据列表并立即对所有数据项进行某种操作。随着机器学习在社会生活中不断推广应用，经过优化的高性能向量、矩阵数学库变得越来越重要了。其中有很多库充分利用了 GPU，因为 GPU 对上述用途进行过优化。向量、矩阵是计算机图形学的核心内容。大家可能对一个较早的库规范已有所耳闻，这个库规范就是基础线性代数子程序（Basic Linear Algebra Subprograms，BLAS）。许多数值库都是基于 BLAS 实现的，Java 的 ND4J 库就是其中之一。

除 GPU 之外，CPU 还具有能够加速向量矩阵处理的扩展指令。BLAS 的实现中就包含一些函数，这些函数采用了*单指令多数据*（Single Instruction，Multiple Data，SIMD）指令集。SIMD 指令是一种特殊的微处理器指令，允许一次处理多条数据。有时 SIMD 会被称为*向量指令*。

不同的微处理器包含的 SIMD 指令也不一样。例如，G4 的 SIMD 扩展指令（21 世纪初 Mac 中的 Power PC 架构处理器）被称为 AltiVec。与 iPhone 中的微处理器一样，ARM 微处理器具有名为 NEON 的扩展指令。现代 Intel 微处理器则包含名为 MMX、SSE、SSE2 和 SSE3 的 SIMD 扩展指令。幸运的是，大家不需要知道这些指令有什么差异，一个良好的数值库会自动选择正确的指令，以便基于程序当前所处的底层架构实现高效计算。

因此，现实世界中的神经网络库（与本章的文具库不同）会使用专门的类型作为基本数据结构，而不是 Java 标准库列表或数组，这并不令人意外，但它们做的远不止这些。像 TensorFlow 和 PyTorch 这类流行的神经网络库不仅使用 SIMD 指令，还大量运用 GPU 进行计算。由于 GPU 明确就是为快速向量计算而设计的，因此与只在 CPU 上运行相比，GPU 能将神经网络的运行速度提升一个数量级。

有一点需要明确：决不能像本章这样只使用 Java 标准库来简单地实现神经网络产品，而应采用经过高度优化的启用了 SIMD 和 GPU 的库，如 TensorFlow。只有以下情况是例外，即为教学而设计或是只能在没有 SIMD 指令或 GPU 的嵌入式设备上运行的神经网络库。

7.7　神经网络存在的问题及扩展

得益于在深度学习方面取得的进步，神经网络现在正在风靡。但它有一些显著的缺点，最大的问题是神经网络解决方案是一种类似于黑盒的模型。即便一切运行正常，用户也无法深入了解神经网络是如何解决问题的。例如，在本章中，我们构建的鸢尾花数据集分类程序并没有明确展示输入的 4 个参数分别对输出的影响程度。在对每个样本进行分类时，萼片长度比萼片宽度更重要吗？

如果对已训练网络的最终权重进行仔细分析，是有可能得出一些见解的，但这种分析并不容易，并且无法做到像线性回归算法那么精深。线性回归可以对被建模的函数中每个变量的作用做出解释。换句话说，神经网络可以解决问题，但不能解释问题是如何解决的。

神经网络的另一个问题是，为了达到一定的准确率，通常需要数据量庞大的数据集。

想象一下户外风景图的分类程序，它可能需要对数千种不同类型的图像（森林、山谷、山脉、溪流、草原等图像）进行分类。训练用图可能就需要数百万幅，如此大型的数据集不但难以获取，而且对某些应用程序而言可能根本就不存在。为了收集和存储如此庞大的数据集而拥有数据仓库和技术设施的，往往都是大公司和政府机构。

最后，神经网络的计算成本很高，仅在一个中等大小的数据集上进行训练，就能使你的计算机瘫痪。这不仅仅是纯Java环境下的神经网络实现，在任何采用神经网络的计算平台上，训练过程都必须执行大量的计算，这会耗费很多时间。提升神经网络性能的技巧有很多（如使用SIMD指令或GPU），但训练神经网络终究还是需要执行大量的浮点运算。

有一条告诫非常好，即训练神经网络比实际运用神经网络的计算成本高。某些应用程序不需要持续不断地训练。在这种情况下，只要把训练完毕的神经网络放入应用程序，就能开始求解问题了。例如Apple的Core ML框架的第一个版本甚至不支持训练，它只能帮助应用程序开发者在自己的应用程序中运行已训练过的神经网络模型。照片应用程序的开发者可以下载免费的图像分类模型，将其放入Core ML，马上就能开始在应用程序中使用高性能的机器学习算法了。

本章只构建了一类神经网络，即带反向传播的前馈网络。如上所述，还有很多其他类型的神经网络。卷积神经网络也是前馈的，但它具有多个不同类型的隐藏层、各种权重分配机制和一些其他有意思的属性，这使其特别适用于图像分类。在循环神经网络中，信号不只是往一个方向传播。它们允许存在反馈回路，并已经证明能有效应用于手写识别和语音识别等连续输入类应用。

我们可以对本章的神经网络进行一种简单的扩展，即引入*偏置神经元*，这会提升网络的性能。偏置神经元就像某个层中的一个虚拟神经元，它允许下一层的输出表达更多的函数，这可以通过给定一个常量输入（仍通过权重进行修改）来实现。在求解现实世界的问题时，即便是简单的神经网络，通常也会包含偏置神经元。如果在本章的现有神经网络中添加了偏置神经元，我们可能只需较少的训练次数就能取得相近的准确率。

7.8 实际应用

尽管人工神经网络在20世纪中叶就已被首次设想出来，但直到近十年才变得非常普遍。由于缺乏性能足够强大的硬件，人工神经网络的广泛应用曾经饱受阻碍。而现在，人工神经网络已经成为机器学习中增长最快的领域，因为它们确实有效！

近几十年以来，人工神经网络已经实现了一些最激动人心的用户交互类计算应用，包括实用语音识别（准确率足够实用）、图像识别和手写识别。语音识别应用存在于Dragon NaturallySpeaking之类的录入辅助程序和Siri、Alexa、Cortana等数字助理中。Facebook运用人脸识别技术自动为照片中的人物打上标记，这是图像识别应用的一个实例。在最新版的iOS中，可以用手写识别功能搜索记事本中的内容，哪怕内容是手写的也没问题。

光学字符识别（Optical Character Recognition，OCR）是一种早期的识别技术，神经网络可以为其提供引擎。扫描文档时会用到 OCR 技术，它返回的不是图像，而是可供选择的文本。OCR 技术能让收费站读取车牌信息，还能让邮政服务对信件进行快速分解。

本章已演示了神经网络可成功应用于分类问题。神经网络能够获得良好表现的类似应用还有推荐系统。不妨考虑一下，Netflix 推荐了你可能喜欢的电影或者 Amazon 推荐了你可能想读的书。Netflix 和 Amazon 不一定将神经网络用于推荐系统，它们的系统似乎是专用的。还有一些其他机器学习技术也适用于推荐系统。因此，只有对所有可用技术都做过研究之后，才应该考虑采用神经网络。

任何需要近似计算某个未知函数的场合，都可以使用神经网络，该算法非常适合用来进行预测。我们可以用神经网络来预测体育赛事、选举或股票市场的结果，事实上也确实如此。当然，预测的准确程度就要看训练模型有多好，与未知结果事件相关的可用数据集有多大，神经网络的参数调优程度如何，以及训练要迭代多少次。像大多数神经网络应用一样，用于预测时最大的难点之一就是确定神经网络本身的结构，最终往往还是得靠反复试错来确定。

7.9 习题

1. 用本章开发的神经网络框架对其他数据集进行分类。
2. 尝试使用不同的激活函数运行示例。记住，还需要求它的导数。激活函数的变化是如何影响网络的准确率的？它需要更多还是更少的训练次数吗？
3. 用流行的神经网络框架（如 TensorFlow）来重新创建解决方案，解决本章给出的示例问题。
4. 使用第三方 Java 数值库重写 `Network`、`Layer` 和 `Neuron` 类，以加速本章开发的神经网络的执行速度。

Chapter 8 第8章

对抗搜索

所谓双人、零和（zero-sum）、全信息（perfect information）的博弈游戏，是指博弈双方都掌握了游戏所需的所有信息，并且任何一方获得优势都会导致另一方失去优势。井字棋、四子棋、跳棋和国际象棋都属于这类游戏。在本章中，我们将研究如何创造一个下棋程序。如果将接下来所讨论的技术与现代计算能力相结合，就可以创造出一个完美玩转这类简单游戏的程序，而且它还能够处理很多人类棋手无法应对的复杂游戏。

8.1 棋盘游戏的基础组件

与本书中大多数复杂的问题一样，我们将尽力确保解决方案的通用性。对于对抗搜索（adversarial search）而言，这意味着搜索算法不能仅仅适用于某一款游戏。我们从定义一些简单的接口开始，这些接口定义了搜索算法对于状态访问的所有方式。之后，我们可以为特定的游戏（井字棋和四子棋）实现这些接口，并把这些实现提供给搜索算法，从而开始“玩”游戏。以下是这些接口。

代码清单 8.1 Piece.java

```
package chapter8;

public interface Piece {
    Piece opposite();
}
```

Piece 是游戏中棋盘上的棋子接口。它还兼有回合指示器的作用，因此需要带有 opposite 方法。我们需要知道在给定的回合后轮到谁来走棋。

提示 因为在井字棋和四子棋中每个人只有一种棋子，所以单独的 Piece 在本章中可以兼有回合指示器的作用。而对于像国际象棋这种更为复杂的游戏，棋子的类型有很多种，回合可以用一个整数或布尔值来指示。更为复杂的 Piece 类型也可以用“颜色”属性来指示回合。

代码清单 8.2 Board.java

```
package chapter8;

import java.util.List;

public interface Board<Move> {
    Piece getTurn();

    Board<Move> move(Move location);

    List<Move> getLegalMoves();

    boolean isWin();

    default boolean isDraw() {
        return !isWin() && getLegalMoves().isEmpty();
    }

    double evaluate(Piece player);
}
```

Board 是用于维护位置状态的类的接口。针对本章搜索算法将要计算的游戏，我们需要解决以下 4 个问题：

- 轮到谁走棋？
- 在当前位置有哪些符合规则的走法？
- 是否有人赢得游戏？
- 游戏是否平局？

对于很多游戏而言，最后一个问题其实是前两个问题的结合。如果游戏没有人赢，也没有符合规则的移动棋子的方法，那么就是平局。因此，在接口 Board 中定义了 isDraw() 的默认实现。此外，我们还要实现以下操作：

- 从当前位置移动到新的位置。
- 评估当前位置，看哪位玩家占据了优势。

Board 中的每个方法和属性分别代表了上述某个问题或操作。在游戏中，Board 接口也可以被命名为棋局（Position），但这里我们会用该命名来表示更为具体的子类。

Board 拥有一个泛型 Move。Move 类型代表游戏中的一步棋，本章中它是一个整数。在井字棋和四子棋等游戏中，整数可以通过指示棋子应该放置的方格或列来表示一步棋的走法。在更为复杂的游戏中，可能需要更多的整数来表述一步棋的走法。使用 Move 泛型可以使Board适用于多种游戏。

8.2 井字棋

井字棋虽然简单，但是同样可以用于说明极小化极大算法（minimax algorithm）。该算法可以应用于诸如四子棋、跳棋和国际象棋这样更高级的策略游戏。下面，我们将构建一个运用极小化极大算法来玩井字棋游戏的AI。

注意 本节会假定你已经熟悉了井字棋游戏及其标准规则。如果没有的话，就需要在网上查阅一下游戏规则以便跟上进度。

8.2.1 井字棋的状态管理

先来定义一些数据结构，以便在进行井字棋游戏的过程中记录游戏的状态。

首先，我们需要一种方法来表示棋盘上的每个方格。这里将采用名为TTTPiece的枚举类，它实现了Piece。枚举类中可以用X、O或E来表示方格中的棋子，其中E表示没有放置棋子。

代码清单8.3 TTTPiece.java

```
package chapter8;

public enum TTTPiece implements Piece {
    X, O, E; // E is Empty

    @Override
    public TTTPiece opposite() {
        switch (this) {
        case X:
            return TTTPiece.O;
        case O:
            return TTTPiece.X;
        default: // E, empty
            return TTTPiece.E;
        }
    }

    @Override
    public String toString() {
        switch (this) {
        case X:
            return "X";
        case O:
            return "O";
        default: // E, empty
            return " ";
```

```
        }
    }
}
```

枚举类 TTTPiece 中定义了一个 opposite 方法，它的返回值为 TTTPiece 类型。在一步棋走完后，该方法将游戏回合从一个玩家转换到另一个玩家。每步棋可以用一个整数表示，该整数对应于棋盘上放置该棋子的方格。在之前的代码中，Move 是以泛型的形式定义在 Board 中的，而现在我们定义 TTTBoard 时将 Move 指定为 Integer 类型。

井字棋的棋盘由 3 行 3 列共 9 个位置组成。为简单起见，可以使用一维数组来表示这 9 个位置。每个位置的数字标识（也就是数组中的索引）可以随意设定，这里我们将遵循图 8.1 中的标识方法。

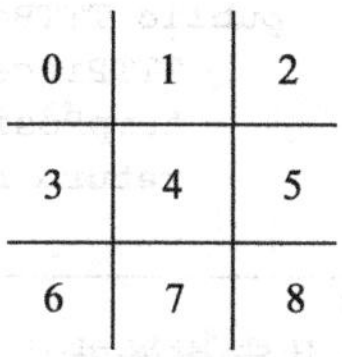

0	1	2
3	4	5
6	7	8

图 8.1 与井字棋棋盘方格对应的一维数组索引

棋盘的状态保存在 TTTBoard 类中。TTTBoard 中会记录两种不同的状态：位置（由上述一维数组来表示）和轮到哪位玩家下棋。

代码清单 8.4 TTTBoard.java

```java
package chapter8;

import java.util.ArrayList;
import java.util.Arrays;
import java.util.List;

public class TTTBoard implements Board<Integer> {
    private static final int NUM_SQUARES = 9;
    private TTTPiece[] position;
    private TTTPiece turn;

    public TTTBoard(TTTPiece[] position, TTTPiece turn) {
        this.position = position;
        this.turn = turn;
    }
    public TTTBoard() {
        // by default start with blank board
        position = new TTTPiece[NUM_SQUARES];
        Arrays.fill(position, TTTPiece.E);
        // X goes first
        turn = TTTPiece.X;
    }

    @Override
    public Piece getTurn() {
        return turn;
    }
```

默认棋盘是一个尚未开始下棋的空棋盘。TTTBoard的无参构造函数用来初始化这样的空棋盘，并且由X先走棋（井字棋中通常由X玩家先走棋）。getTurn()表明当前位置是由X下棋还是由O下棋。

TTTBoard是一种非正式的不可变数据结构，所以不应该对TTTBoard进行修改。每个回合都会生成一个包含当前回合所下的棋的新的TTTBoard。这样处理会为我们带来便利，那就是当搜索分支时，我们不会无意间对仍处于分析如何下棋状态的棋盘做出改动。

代码清单 8.5 TTTBoard.java 续

```
@Override
public TTTBoard move(Integer location) {
    TTTPiece[] tempPosition = Arrays.copyOf(position, position.length);
    tempPosition[location] = turn;
    return new TTTBoard(tempPosition, turn.opposite());
}
```

在井字棋游戏中，空的方格都是可以落子的。getLegalMoves()用来查找棋盘上所有空着的方格并以列表的形式返回。

代码清单 8.6 TTTBoard.java 续

```
@Override
public List<Integer> getLegalMoves() {
    ArrayList<Integer> legalMoves = new ArrayList<>();
    for (int i = 0; i < NUM_SQUARES; i++) {
        // empty squares are legal moves
        if (position[i] == TTTPiece.E) {
            legalMoves.add(i);
        }
    }
    return legalMoves;
}
```

有许多方法可以对井字棋的行、列和对角线进行扫描，以便检查游戏是否分出胜负。下面对isWin()及其辅助方法checkPos()的代码实现都采用了硬编码的方式。看起来就是大量&&||和==操作的组合。虽然算不上是最漂亮的代码，但它以一种最直接的方式完成了工作。

代码清单 8.7 TTTBoard.java 续

```
@Override
public boolean isWin() {
    // three row, three column, and then two diagonal checks
    return
      checkPos(0, 1, 2) || checkPos(3, 4, 5) || checkPos(6, 7, 8)
    || checkPos(0, 3, 6) || checkPos(1, 4, 7) || checkPos(2, 5, 8)
    || checkPos(0, 4, 8) || checkPos(2, 4, 6);
}

private boolean checkPos(int p0, int p1, int p2) {
```

```
        return position[p0] == position[p1] && position[p0] == position[p2]
                && position[p0] != TTTPiece.E;
    }
```

如果某行、某列或某对角线上所有的方格都不是空的，并且它们包含相同的棋子，那么就赢得了游戏。

如果游戏没有分出胜负并且没有能够落子的方格，那么游戏就以平局结束。这种情况已经被 Board 接口中的默认方法 isDraw() 覆盖了。最后，我们需要一个能够评估棋局地方法和一个能将棋盘美观地打印出来的方法。

代码清单 8.8　TTTBoard.java 续

```
    @Override
    public double evaluate(Piece player) {
        if (isWin() && turn == player) {
            return -1;
        } else if (isWin() && turn != player) {
            return 1;
        } else {
            return 0.0;
        }
    }

    @Override
    public String toString() {
        StringBuilder sb = new StringBuilder();
        for (int row = 0; row < 3; row++) {
            for (int col = 0; col < 3; col++) {
                sb.append(position[row * 3 + col].toString());
                if (col != 2) {
                    sb.append("|");
                }
            }
            sb.append(System.lineSeparator());
            if (row != 2) {
                sb.append("-----");
                sb.append(System.lineSeparator());
            }
        }
        return sb.toString();
    }

}
```

对大多数游戏而言，我们不可能根据已走的棋来穷举所有可能的胜负结果，从而判定谁赢谁输。但井字棋的胜负结果数量有限，因此可以对棋局结果进行遍历。evaluate() 方法通过返回数字 1 来表示赢得了棋局，用 0 来表示平局，用 -1 来表示输掉了棋局。

8.2.2　极小化极大算法

极小化极大是一种用来在双人、零和、全信息的对弈游戏（如井字棋、跳棋或国际象棋）中找到最佳走法的经典算法。它还针对其他类型的游戏进行了扩展和修改。极小化极大算法通常使用递归函数实现，这时两个玩家要么是极大化玩家，要么是极小化玩家。

极大化玩家的目标是找到能获得最大收益的走法，他还必须考虑极小化玩家的走法。在每次试图求出极大化玩家的最大收益后，递归地调用 `minimax()` 以求得对手的相应走法，也就是让极大化玩家收益最小化的走法。这个过程一直往复进行（求最大值、求最小值、求最大值等），直到达到递归函数的基线条件。基线条件为终局（胜或平局）或达到最大搜索深度。

调用 `minimax()` 将返回极大化玩家的起始位置的评估。就 `TTTBoard` 类的 `evaluate()` 方法而言，如果双方的最佳走法将导致极大化玩家获胜，则返回 1；如果将导致极大化玩家输棋，则返回 –1；如果导致平局，则返回 0。

这些数字将会在达到基线条件时返回，然后再沿着到达基线条件的各层递归调用逐级向上返回。对于每次求极大化的递归调用，向上返回的是下一步走法的最佳评分。对于每次求极小化的递归调用，向上返回的是下一步走法的最差评分。这样，决策树就建立起来了。图 8.2 展示了这样一棵决策树，有助于厘清还剩最后两步的一局棋向上返回评分的过程。

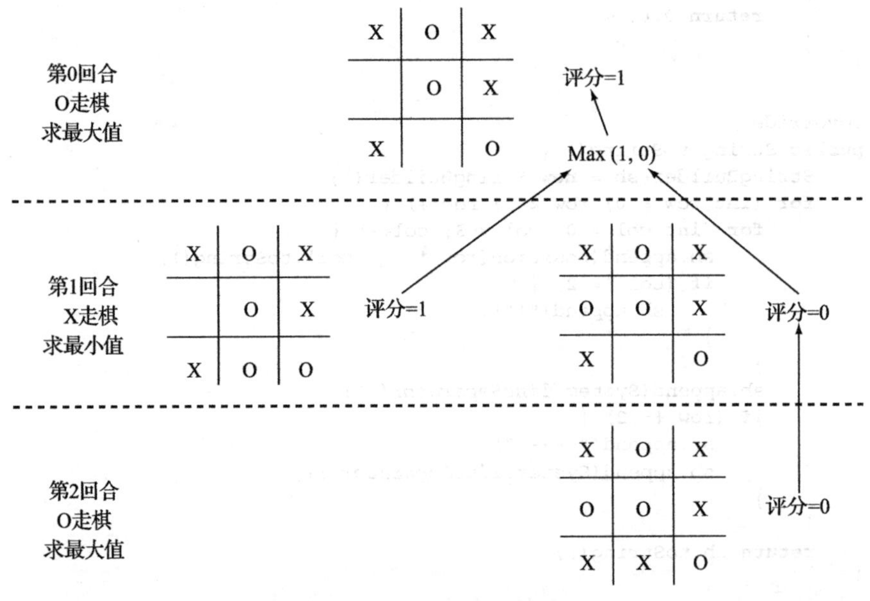

图 8.2　某局井字棋的极小化极大决策树，该棋局还剩最后两步棋。为了让获胜的可能性最大化，初始玩家 O 将选择在底部中心位置落子。箭头指明做出决策的位置

对于那些搜索空间太深导致无法到达终局的游戏（如跳棋和国际象棋），`minimax()` 会在到达一定深度后停止（要搜索的棋步数深度有时被称为 ply）。然后启动评估函数，采用启发法对棋局进行评估。游戏对初始玩家越有利，得分就越高。我们介绍四子棋时将会再次讨论这个概念，四子棋的搜索空间比井字棋的搜索空间大多了。

下面是 `minimax()` 的全部代码。

代码清单 8.9 Minimax.java

```
package chapter8;

public class Minimax {
    // Find the best possible outcome for originalPlayer
    public static <Move> double minimax(Board<Move> board, boolean
     maximizing, Piece originalPlayer, int maxDepth) {
        // Base case-terminal position or maximum depth reached
        if (board.isWin() || board.isDraw() || maxDepth == 0) {
            return board.evaluate(originalPlayer);
        }
        // Recursive case-maximize your gains or minimize opponent's gains
        if (maximizing) {
            double bestEval = Double.NEGATIVE_INFINITY; // result above
            for (Move move : board.getLegalMoves()) {
                double result = minimax(board.move(move), false,
     originalPlayer, maxDepth - 1);
                bestEval = Math.max(result, bestEval);
            }
            return bestEval;
        } else { // minimizing
            double worstEval = Double.POSITIVE_INFINITY; // result below
            for (Move move : board.getLegalMoves()) {
                double result = minimax(board.move(move), true,
     originalPlayer, maxDepth - 1);
                worstEval = Math.min(result, worstEval);
            }
            return worstEval;
        }
    }
```

在每次递归调用过程中，无论当前是极大化玩家还是极小化玩家，或者对 originalPlayer 的棋局进行评分，都需要跟踪记录棋局。minimax() 前几行代码负责处理基线条件：终局（胜、负、平）或到达的最大深度。函数的其余部分处理递归情况。

其中一种递归情况是求最大值，这时需要查找能够产生最高评分的走法。另一种情况是求最小值，此时要寻找能够得到最低评分的走法。这两种情况交替进行，直至抵达终局状态或最大深度（基线条件）。

可惜我们无法使用已经实现的 minimax() 方法来寻找给定棋局的最佳走法。该方法返回一个 double 类型的估计值，无法给出生成该评分的最佳走法的第一步该如何走。

因此，我们需要定义一个辅助函数 findBestMove()，它会对每个合法的走法都调用一次 minimax()，以便找出评分最高的走法。我们可以将 findBestMove() 视作对 minimax() 的第一次求最大值调用，只是带上了初始的棋步而已。

代码清单 8.10 Minimax.java 续

```
    // Find the best possible move in the current position
    // looking up to maxDepth ahead
    public static <Move> Move findBestMove(Board<Move> board, int maxDepth) {
        double bestEval = Double.NEGATIVE_INFINITY;
```

```
        Move bestMove = null; // won't stay null for sure
        for (Move move : board.getLegalMoves()) {
            double result = minimax(board.move(move), false, board.getTurn(),
maxDepth);
            if (result > bestEval) {
                bestEval = result;
                bestMove = move;
            }
        }
        return bestMove;
    }
}
```

现在，我们已经做好了准备，可以开始搜索井字棋棋局的最佳走法了。

8.2.3 用井字棋测试极小化极大算法

由于井字棋游戏过于简单，人类能够轻松找出给定棋局的绝对正确的走法，因此也就很容易进行单元测试。在下面的代码片段中，我们将对本章编写的极小化极大算法进行测试，在三个不同的井字棋棋局中找到下一步的正确走法。第一个棋局很简单，只需要考虑下一步棋如何来取胜。第二个棋局需要拦截对手，AI必须阻止对手取胜。最后一个棋局的挑战性稍强一点，需要AI思考后面的两步棋。

警告 在本节的开头我向大家保证过，所有的示例都只使用Java标准库。因此在下面的代码片段中我遵守了我的承诺。但在实际开发中，单元测试最好使用像JUnit这样的成熟框架来完成，而不是像我们这里所做的那样自己进行单元测试。然而这个例子最有趣的地方在于为大家展示了反射的用法。

代码清单 8.11 TTTMinimaxTests.java

```
package chapter8;

import java.lang.annotation.Retention;
import java.lang.annotation.RetentionPolicy;
import java.lang.reflect.Method;

// Annotation for unit tests
@Retention(RetentionPolicy.RUNTIME)
@interface UnitTest {
    String name() default "";
}

public class TTTMinimaxTests {

    // Check if two values are equal and report back
    public static <T> void assertEquality(T actual, T expected) {
        if (actual.equals(expected)) {
            System.out.println("Passed!");
```

```
        } else {
            System.out.println("Failed!");
            System.out.println("Actual: " + actual.toString());
            System.out.println("Expected: " + expected.toString());
        }
    }

    @UnitTest(name = "Easy Position")
    public void easyPosition() {
        TTTPiece[] toWinEasyPosition = new TTTPiece[] {
                TTTPiece.X, TTTPiece.O, TTTPiece.X,
                TTTPiece.X, TTTPiece.E, TTTPiece.O,
                TTTPiece.E, TTTPiece.E, TTTPiece.O };
        TTTBoard testBoard1 = new TTTBoard(toWinEasyPosition, TTTPiece.X);
        Integer answer1 = Minimax.findBestMove(testBoard1, 8);
        assertEquality(answer1, 6);
    }

    @UnitTest(name = "Block Position")
    public void blockPosition() {
        TTTPiece[] toBlockPosition = new TTTPiece[] {
                TTTPiece.X, TTTPiece.E, TTTPiece.E,
                TTTPiece.E, TTTPiece.E, TTTPiece.O,
                TTTPiece.E, TTTPiece.X, TTTPiece.O };
        TTTBoard testBoard2 = new TTTBoard(toBlockPosition, TTTPiece.X);
        Integer answer2 = Minimax.findBestMove(testBoard2, 8);
        assertEquality(answer2, 2);
    }

    @UnitTest(name = "Hard Position")
    public void hardPosition() {
        TTTPiece[] toWinHardPosition = new TTTPiece[] {
                TTTPiece.X, TTTPiece.E, TTTPiece.E,
                TTTPiece.E, TTTPiece.E, TTTPiece.O,
                TTTPiece.O, TTTPiece.X, TTTPiece.E };
        TTTBoard testBoard3 = new TTTBoard(toWinHardPosition, TTTPiece.X);
        Integer answer3 = Minimax.findBestMove(testBoard3, 8);
        assertEquality(answer3, 1);
    }

    // Run all methods marked with the UnitTest annotation
    public void runAllTests() {
        for (Method method : this.getClass().getMethods()) {
            for (UnitTest annotation :
 method.getAnnotationsByType(UnitTest.class)) {
                System.out.println("Running Test " + annotation.name());
                try {
                    method.invoke(this);
                } catch (Exception e) {
                    e.printStackTrace();
                }
                System.out.println("____________________");
            }
        }
    }
```

```
    public static void main(String[] args) {
        new TTTMinimaxTests().runAllTests();
    }
}
```

如上所述，不使用诸如JUnit之类的单元测试框架而自行开发并不是一个好主意。然而，使用Java反射机制来实现的话也不会很难。每个测试方法都会在方法顶部使用UnitTest注释进行标注。runAllTests()方法查找所有带有该注释的方法，并将它们与一些有用的打印输出一起运行。assertEquality()方法检查两项是否相等，如果不相等则将它们打印出来。虽然自己实现单元测试框架并不是个好注意，但了解框架如何工作也是非常有趣的事情。如果想要提升我们这个框架的级别，则需要定义一个包含runAllTests()和assertEquality()的基类，使得其他测试类可以继承自基类。

当运行TTTMinimaxTests.java时，这三个测试都应该通过。

> **提示** 实现极小化极大算法没有用到太多代码，而且该算法不但可以用于井字棋游戏，还可以用于许多其他游戏。如果你想为其他游戏实现极小化极大算法，最重要的一点就是定义与极小化极大算法设计方案相适应的数据结构，就像Board类那样。学习极小化极大算法的一个常见误区就是使用可被修改的数据结构。这种数据结构在极小化极大算法的递归调用过程中会被修改，因此无法回到原始状态后再次被调用。

8.2.4 开发井字棋AI

现在所有组件都已就绪，接下来就可以开发一个完整的能走完井字棋棋局的程序了。AI不再是对测试棋局进行评估，而是需要对两个棋手下棋所形成的棋局进行评估。在下面的代码片段中，井字棋AI将会与执先手的人类棋手对弈。

代码清单8.12 TicTacToe.java

```
package chapter8;

import java.util.Scanner;

public class TicTacToe {

    private TTTBoard board = new TTTBoard();
    private Scanner scanner = new Scanner(System.in);

    private Integer getPlayerMove() {
        Integer playerMove = -1;
        while (!board.getLegalMoves().contains(playerMove)) {
            System.out.println("Enter a legal square (0-8):");
            Integer play = scanner.nextInt();
            playerMove = play;
        }
```

```
        return playerMove;
    }

    private void runGame() {
        // main game loop
        while (true) {
            Integer humanMove = getPlayerMove();
            board = board.move(humanMove);
            if (board.isWin()) {
                System.out.println("Human wins!");
                break;
            } else if (board.isDraw()) {
                System.out.println("Draw!");
                break;
            }
            Integer computerMove = Minimax.findBestMove(board, 9);
            System.out.println("Computer move is " + computerMove);
            board = board.move(computerMove);
            System.out.println(board);
            if (board.isWin()) {
                System.out.println("Computer wins!");
                break;
            } else if (board.isDraw()) {
                System.out.println("Draw!");
                break;
            }
        }
    }

    public static void main(String[] args) {
        new TicTacToe().runGame();
    }

}
```

通过将 findBestMove() 方法的参数 maxDepth 设置成 9（实际上可以设置成 8），井字棋 AI 就可以分析出棋局所有的结局。井字棋最多只能走 9 步，而且 AI 是后手。因此，它可以完美下完每一局棋。一场完美的比赛是指双方在每一回合都尽可能走最好的一步，而完美的井字棋结局是平局。牢记这一点，你永远都不可能打败井字棋 AI。如果你超常发挥，就会打成平局。如果你犯了错误，AI 就会胜出。你可以尝试一下，AI 是不会输棋的。以下是我们程序的一个运行示例。

```
Enter a legal square (0-8):
4
Computer move is 0
O| |
-----
 |X|
-----
 | |
```

```
Enter a legal square (0-8):
2
Computer move is 6
O| |X
-----
 |X|
-----
O| |

Enter a legal square (0-8):
3
Computer move is 5
O| |X
-----
X|X|O
-----
O| |

Enter a legal square (0-8):
1
Computer move is 7
O|X|X
-----
X|X|O
-----
O|O|

Enter a legal square (0-8):
8
Draw!
```

8.3 四子棋

在四子棋[⊖]游戏中，两名玩家在7列6行的垂直网格棋盘上交替放置各自不同颜色的棋子。棋子从棋盘网格顶部往底部下落，直至碰到棋盘底部或其他棋子。每回合中，玩家所要做的事情就是决定把棋子放入7列中的哪一列中。玩家不需要把所有列都放满棋子，只要在棋盘中任意行、列或对角线上有4个紧密相连的同色棋子就可以取得胜利。如果当棋盘被棋子填满时还没有分出胜负，那么游戏将以平局结束。

8.3.1 四子棋游戏程序

四子棋在很多方面都类似于井字棋。这两款游戏都在网格棋盘上进行，而且玩家都需要将棋子连成一线才能获胜。但是，四子棋的棋盘更大，获胜的方式更多，所以棋局的评估过程要复杂得多。

你可能会觉得下面的代码非常眼熟，但是在数据结构和评估方法上与井字棋完全不

⊖ Connect Four 是 Hasbro 公司的注册商标。这里仅用于描述问题。

同。这两款游戏都是使用本章开头提到的基类 Piece 和 Board 的实现类构建的，因此 minimax() 可以在这两段游戏代码中复用。

代码清单 8.13 C4Piece.java

```
package chapter8;

public enum C4Piece implements Piece {
    B, R, E; // E is Empty
    @Override
    public C4Piece opposite() {
        switch (this) {
        case B:
            return C4Piece.R;
        case R:
            return C4Piece.B;
        default: // E, empty
            return C4Piece.E;
        }
    }

    @Override
    public String toString() {
        switch (this) {
        case B:
            return "B";
        case R:
            return "R";
        default: // E, empty
            return " ";
        }

    }
}
```

C4Piece 类几乎与 TTTPiece 类完全相同。我们还需要一个便于使用的类 C4Location 来追踪网格上的位置（行或列）。四子棋是一款面向列的游戏，所以我们使用不同于以往的实现方式——列优先的方式——来实现所有网格代码。

代码清单 8.14 C4Location.java

```
package chapter8;

public final class C4Location {
    public final int column, row;

    public C4Location(int column, int row) {
        this.column = column;
        this.row = row;
    }
}
```

接下来，我们回到四子棋代码的核心——C4Board类。这个类定义了一些静态常量和一个静态方法。静态方法generateSegments()返回一个网格位置C4Location的数组列表。列表中的每个数组包含四个网格位置。我们把这些由四个网格位置组成的数组称为段（segment）。如果棋盘上的任意段都为相同颜色的棋子，那么执这种颜色棋子的人就赢得了这个棋局。

如果能快速搜索棋盘中所有的段的话，对检查游戏是否结束（有人获胜）和对棋局进行评估都非常有帮助。因此，在下面的代码片段中，我们会在C4Board类中使用名为SEGMENTS的变量来缓存棋盘中的所有段。

代码清单 8.15　C4Board.java

```
package chapter8;

import java.util.ArrayList;
import java.util.Arrays;
import java.util.List;

public class C4Board implements Board<Integer> {
    public static final int NUM_COLUMNS = 7;
    public static final int NUM_ROWS = 6;
    public static final int SEGMENT_LENGTH = 4;
    public static final ArrayList<C4Location[]> SEGMENTS = generateSegments();

    // generate all of the segments for a given board
    // this static method is only run once
    private static ArrayList<C4Location[]> generateSegments() {
        ArrayList<C4Location[]> segments = new ArrayList<>();
        // vertical
        for (int c = 0; c < NUM_COLUMNS; c++) {
            for (int r = 0; r <= NUM_ROWS - SEGMENT_LENGTH; r++) {
                C4Location[] bl = new C4Location[SEGMENT_LENGTH];
                for (int i = 0; i < SEGMENT_LENGTH; i++) {
                    bl[i] = new C4Location(c, r + i);
                }
                segments.add(bl);
            }
        }
        // horizontal
        for (int c = 0; c <= NUM_COLUMNS - SEGMENT_LENGTH; c++) {
            for (int r = 0; r < NUM_ROWS; r++) {
                C4Location[] bl = new C4Location[SEGMENT_LENGTH];
                for (int i = 0; i < SEGMENT_LENGTH; i++) {
                    bl[i] = new C4Location(c + i, r);
                }
                segments.add(bl);
            }
        }
        // diagonal from bottom left to top right
        for (int c = 0; c <= NUM_COLUMNS - SEGMENT_LENGTH; c++) {
            for (int r = 0; r <= NUM_ROWS - SEGMENT_LENGTH; r++) {
                C4Location[] bl = new C4Location[SEGMENT_LENGTH];
```

```
                for (int i = 0; i < SEGMENT_LENGTH; i++) {
                    bl[i] = new C4Location(c + i, r + i);
                }
                segments.add(bl);
            }
        }
        // diagonal from bottom right to top left
        for (int c = NUM_COLUMNS - SEGMENT_LENGTH; c >= 0; c--) {
            for (int r = SEGMENT_LENGTH - 1; r < NUM_ROWS; r++) {
                C4Location[] bl = new C4Location[SEGMENT_LENGTH];
                for (int i = 0; i < SEGMENT_LENGTH; i++) {
                    bl[i] = new C4Location(c + i, r - i);
                }
                segments.add(bl);
            }
        }

        return segments;
    }
```

我们在position这个二维C4Piece类型数组中存储当前位置。大多数情况下，二维数组都会以行优先的方式进行索引。这是考虑到四子棋是由7列组成的并且为了使C4Board类的其余部分编写起来容易一些。例如，数组columnCount记录了给定列中每次有多少个棋子。由于每次落子本质上都是选择没有被填充的列，因此这使得生成合法的落子方式非常容易。

接下来的四个方法与井字棋中的实现非常相似。

代码清单 8.16 C4Board.java 续

```
    private C4Piece[][] position; // column first, then row
    private int[] columnCount; // number of pieces in each column
    private C4Piece turn;

    public C4Board() {
        // note that we're doing columns first
        position = new C4Piece[NUM_COLUMNS][NUM_ROWS];
        for (C4Piece[] col : position) {
            Arrays.fill(col, C4Piece.E);
        }
        // ints by default are initialized to 0
        columnCount = new int[NUM_COLUMNS];
        turn = C4Piece.B; // black goes first
    }

    public C4Board(C4Piece[][] position, C4Piece turn) {
        this.position = position;
        columnCount = new int[NUM_COLUMNS];
        for (int c = 0; c < NUM_COLUMNS; c++) {
            int piecesInColumn = 0;
            for (int r = 0; r < NUM_ROWS; r++) {
                if (position[c][r] != C4Piece.E) {
                    piecesInColumn++;
```

```
            }
        }
        columnCount[c] = piecesInColumn;
    }
        this.turn = turn;
    }

    @Override
    public Piece getTurn() {
        return turn;
    }

    @Override
    public C4Board move(Integer location) {
        C4Piece[][] tempPosition = Arrays.copyOf(position, position.length);
        for (int col = 0; col < NUM_COLUMNS; col++) {
            tempPosition[col] = Arrays.copyOf(position[col],
     position[col].length);
        }
        tempPosition[location][columnCount[location]] = turn;
        return new C4Board(tempPosition, turn.opposite());
    }
    @Override
    public List<Integer> getLegalMoves() {
        List<Integer> legalMoves = new ArrayList<>();
        for (int i = 0; i < NUM_COLUMNS; i++) {
            if (columnCount[i] < NUM_ROWS) {
                legalMoves.add(i);
            }
        }
        return legalMoves;
    }
```

私有辅助方法countSegment()返回特定段中黑色或红色棋子的数量。接下来是检查棋局胜负的方法isWin()。该方法检查棋盘中的所有段，并通过countSegment()方法来查看是否有段是由四个相同颜色的棋子所组成的，以此来确定是否分出胜负。

代码清单8.17 C4Board.java续

```
    private int countSegment(C4Location[] segment, C4Piece color) {
        int count = 0;
        for (C4Location location : segment) {
            if (position[location.column][location.row] == color) {
                count++;
            }
        }
        return count;
    }

    @Override
    public boolean isWin() {
        for (C4Location[] segment : SEGMENTS) {
```

```
            int blackCount = countSegment(segment, C4Piece.B);
            int redCount = countSegment(segment, C4Piece.R);
            if (blackCount == SEGMENT_LENGTH || redCount == SEGMENT_LENGTH) {
                return true;
            }
        }
        return false;
    }
```

与 TTTBoard 相同，C4Board 可以使用 Board 接口的默认方法 isDraw() 而无须做任何修改。

最后，为了对整个棋局进行评估，我们将会对其全部的段逐一进行评估，将评估的结果进行累加并返回。含有两种颜色棋子的段被认为是毫无价值的。由两个相同颜色的棋子和两个空格所构成的段会被评估为1。由3个相同颜色的棋子构成的段会被评估为100。最后，由四个相同颜色的棋子（有人获胜）构成的段会被评估为1 000 000。这些评估分数可以是任意的，重点在于它们彼此之间的相对权重。如果该段属于对手，那么分数为负数。私有辅助方法 evaluateSegment() 使用上述公式来计算每个段。所有经过 evaluateSegment() 评估的段的总分由 evaluate() 生成。

代码清单 8.18 C4Board.java 续

```
    private double evaluateSegment(C4Location[] segment, Piece player) {
        int blackCount = countSegment(segment, C4Piece.B);
        int redCount = countSegment(segment, C4Piece.R);
        if (redCount > 0 && blackCount > 0) {
            return 0.0; // mixed segments are neutral
        }
        int count = Math.max(blackCount, redCount);
        double score = 0.0;
        if (count == 2) {
            score = 1.0;
        } else if (count == 3) {
            score = 100.0;
        } else if (count == 4) {
            score = 1000000.0;
        }
        C4Piece color = (redCount > blackCount) ? C4Piece.R : C4Piece.B;
        if (color != player) {
            return -score;
        }
        return score;
    }

    @Override
    public double evaluate(Piece player) {
        double total = 0.0;
        for (C4Location[] segment : SEGMENTS) {
            total += evaluateSegment(segment, player);
        }
```

```
        return total;
    }

    @Override
    public String toString() {
        StringBuilder sb = new StringBuilder();
        for (int r = NUM_ROWS - 1; r >= 0; r--) {
            sb.append("|");
            for (int c = 0; c < NUM_COLUMNS; c++) {
                sb.append(position[c][r].toString());
                sb.append("|");
            }
            sb.append(System.lineSeparator());
        }
        return sb.toString();
    }

}
```

8.3.2 四子棋AI

令人惊讶的是，我们为井字棋开发的 `minimax()` 和 `findBestMove()` 函数不做任何改动就可以直接在四子棋的代码中进行复用。下面的代码片段与井字棋AI代码只有少许的不同。其中最大的区别就是把 `maxDepth` 设置为 5。这样就可以把计算机每一步的思考时间控制在合理的范围内。也就是说，四子棋AI最多只能评估未来5步的棋局。

代码清单8.19 ConnectFour.java

```
package chapter8;

import java.util.Scanner;

public class ConnectFour {

    private C4Board board = new C4Board();
    private Scanner scanner = new Scanner(System.in);

    private Integer getPlayerMove() {
        Integer playerMove = -1;
        while (!board.getLegalMoves().contains(playerMove)) {
            System.out.println("Enter a legal column (0-6):");
            Integer play = scanner.nextInt();
            playerMove = play;
        }
        return playerMove;
    }

    private void runGame() {
        // main game loop
        while (true) {
            Integer humanMove = getPlayerMove();
            board = board.move(humanMove);
```

```
            if (board.isWin()) {
                System.out.println("Human wins!");
                break;
            } else if (board.isDraw()) {
                System.out.println("Draw!");
                break;
            }
            Integer computerMove = Minimax.findBestMove(board, 5);
            System.out.println("Computer move is " + computerMove);
            board = board.move(computerMove);
            System.out.println(board);
            if (board.isWin()) {
                System.out.println("Computer wins!");
                break;
            } else if (board.isDraw()) {
                System.out.println("Draw!");
                break;
            }
        }
    }

    public static void main(String[] args) {
        new ConnectFour().runGame();
    }
}
```

试着运行一下四子棋 AI 程序，你就会发现它与井字棋 AI 的不同之处，那就是每一步都需要耗费几秒钟的时间。如果你不仔细思考每一步棋的话，它就很可能会战胜你，至少它不会犯任何明显的错误。通过增加搜索的深度，我们可以提升它的游戏水平，但计算机每走一步所需的计算时间将呈指数级增长。下面是运行四子棋 AI 的最初几步棋：

```
Enter a legal column (0-6):
3
Computer move is 3
| | | | | | | |
| | | | | | | |
| | | | | | | |
| | | | | | | |
| | | |R| | | |
| | | |B| | | |

Enter a legal column (0-6):
4
Computer move is 5
| | | | | | | |
| | | | | | | |
| | | | | | | |
| | | | | | | |
| | | |R| | | |
| | | |B|B|R| |
```

```
Enter a legal column (0-6):
4
Computer move is 4
| | | | | | | |
| | | | | | | |
| | | | | | | |
| | | | |R| | |
| | | |R|B| | |
| | | |B|B|R| |
```

你知道四子棋游戏已经被计算机科学家“破解”了吗？“破解”游戏意味着我们对任何棋局的最佳走法都已了如指掌。最佳的四子棋开局走法就是把棋子放入中间的列中。

8.3.3 用alpha-beta剪枝算法优化极小化极大算法

极小化极大算法的效果很好，但目前还无法实现很深的搜索。极小化极大算法有一个扩展算法，被称为alpha-beta剪枝算法，该算法在搜索时可以排除掉那些不会生成更优结果的棋局，由此来增加搜索的深度。通过跟踪递归极小化极大算法调用间的alpha和beta值就可以实现这一神奇的优化效果。alpha表示搜索树当前找到的最优极大化走法的评分，而beta表示当前找到的对手的最优极小化走法的评分。如果beta小于或等于alpha，则不值得对该搜索分支做更进一步搜索，因为已经发现的走法不会比继续沿着该分支搜索得到的走法更差。这种启发式算法大大减少了搜索空间。

下面的代码就是对之前描述的alphabeta()的实现。我们可以把它放入现有的Minimax.java文件中。

代码清单8.20 Minimax.java 续

```java
    // Helper that sets alpha and beta for the first call
    public static <Move> double alphabeta(Board<Move> board, boolean
     maximizing, Piece originalPlayer, int maxDepth) {
        return alphabeta(board, maximizing, originalPlayer, maxDepth,
     Double.NEGATIVE_INFINITY, Double.POSITIVE_INFINITY);
    }

    // Evaluates a Board b
    private static <Move> double alphabeta(Board<Move> board, boolean
     maximizing, Piece originalPlayer, int maxDepth,
            double alpha,
            double beta) {
        // Base case - terminal position or maximum depth reached
        if (board.isWin() || board.isDraw() || maxDepth == 0) {
            return board.evaluate(originalPlayer);
        }

        // Recursive case - maximize your gains or minimize the opponent's
        if (maximizing) {
```

```
            for (Move m : board.getLegalMoves()) {
                alpha = Math.max(alpha, alphabeta(board.move(m), false,
        originalPlayer, maxDepth - 1, alpha, beta));
                if (beta <= alpha) { // check cutoff
                    break;
                }
            }
            return alpha;
        } else { // minimizing
            for (Move m : board.getLegalMoves()) {
                beta = Math.min(beta, alphabeta(board.move(m), true,
        originalPlayer, maxDepth - 1, alpha, beta));
                if (beta <= alpha) { // check cutoff
                    break;
                }
            }
            return beta;
        }

    }
```

为了能让新函数发挥作用，我们需要做两个小的改动。更改Minimax.java中的findBestMove()，使其调用alphabeta()而不是minimax()，并将ConnectFour.java中的搜索深度从5改为7。经过这样的处理，普通的四子棋玩家将无法击败AI了。在我的计算机上，minimax()搜索深度为7，四子棋AI每步大约耗时20秒，而在相同深度条件下使用alphabeta()则只需要几秒钟，这是之前时间的十分之一！其优化效果简直令人难以置信。

8.4 超越alpha-beta剪枝效果的极小化极大算法改进方案

本章对算法进行了深入的研究，在过去的几年中也发现了很多优化技术。其中一些优化技术是针对某一款特定游戏的，例如应用于国际象棋中的“位棋盘”（bitboards），它减少了生成合法棋步所需的时间。但大多数优化技术都是适用于任意游戏的通用技术。

一种常见的优化技术是*迭代深化技术*。在该技术中，搜索函数将先以最大深度1来运行，然后以最大深度2运行，接着再以最大深度3来运行，以此类推。达到指定时限时，停止搜索。最后一次完成的搜索深度的结果将会被返回。

本章示例中的搜索深度都是被硬编码的。如果游戏没有时间限制，或者我们不关心计算机的思考时长，这样处理是可以接受的。迭代深化技术使得AI能够耗费固定时长来寻找下一步走法，而不是以固定的搜索深度和不确定的时长去完成。

还有一种可行的优化技术是*静态搜索*（quiescence search）。在静态搜索技术中，极小化极大搜索树将朝着会让棋局发生巨大变化的路线（如国际象棋中的吃子）行进，而不是朝着相对“平静”的棋局发展。理想情况下，采用这种方案搜索不会将计算时间浪费在无聊的棋局（也就是那些不会让玩家获得明显优势的棋局）上。

极小化极大搜索的最佳优化方案不外乎两种，一种是在规定的时间内搜索更深的深度，另一种就是改进棋局评分函数。要在相同时间内搜索更多的棋局，就需要减少在每个棋局上耗费的时间。这可以通过提高代码效率或采用运行速度更快的硬件来实现，但也可能会通过后一种改进技术（改进棋局评分函数）来实现。采用更多的参数或启发式算法来对棋局进行评估可能会耗费更多的时间，但最终能获得更优质的引擎，即用更少的搜索深度找到最优走法。

在用于国际象棋游戏的alpha-beta剪枝极小化极大算法中，有一些评分函数具有数十种启发式算法，甚至会用遗传算法对这些启发式算法进行调优。国际象棋中吃掉马应该算多少分？与吃掉象的得分一样吗？要区分国际象棋引擎是合格还是优秀，这些启发式算法就是秘密武器。

8.5 实际应用

极小化极大算法配合alpha-beta剪枝之类的扩展，是大多数现代国际象棋引擎的基础。这已被广泛应用于各种策略游戏中并取得了巨大的成功。事实上，计算机上的大多数棋盘游戏类程序可能都用到了某种形式的极小化极大算法。

极小化极大算法及其扩展（例如alpha-beta剪枝）应用在国际象棋中非常有效。1997年著名的国际象棋世界冠军加里·卡斯帕罗夫（Gary Kasparov）被IBM开发的“深蓝”（Deep Blue）击败。这场比赛备受期待并且从此改变了比赛的格局。国际象棋曾被视为智力水平最为顶尖的领域，计算机在国际象棋中甚至超越了人类，这意味着人工智能应当受到足够的重视。

20多年后的今天，绝大多数国际象棋引擎仍然基于极小化极大算法。这些引擎的实力已经远超世界上最好的人类国际象棋选手。新的机器学习技术正在开始挑战纯粹基于极小化极大算法及其扩展的国际象棋引擎，但它们还没有明确证明自己在国际象棋中的优势。

游戏的分支因子越高，极小化极大算法的效果就会越差。分支因子是指棋局中可能走法数量的平均值。正因如此，围棋中的计算机棋手最近取得的进步有赖于对诸如机器学习之类的其他领域的研究。现在，基于机器学习的围棋AI已经击败了最好的人类围棋棋手。围棋的分支因子（也就是搜索空间）对于极小化极大算法来说过于庞大，因为这种算法需要尝试生成包含未来棋局的决策树。但围棋只是一个例外，不能一概而论。大多数传统棋盘游戏（如跳棋、国际象棋、四子棋、井字棋等）的搜索空间都比较小，基于极小化极大算法的技术足以应对了。

若要新实现一个棋盘游戏程序，甚至是回合制的纯计算机游戏AI，极小化极大算法可能是你首先应该使用的算法。极小化极大算法还可以用于经济和政治领域的模拟，以及博弈论实验。alpha-beta剪枝应该适用于任何形式的极小化极大算法。

8.6 习题

1. 为井字棋程序添加单元测试，确保方法 `getLegalMoves()`、`isWin()` 和 `isDraw()` 能正常工作。
2. 为四子棋程序的极小化极大算法创建单元测试。
3. TicTacToe.java 与 ConnectFour.java 的代码几乎完全相同。将其重构为对两种游戏都适用的两个方法。
4. 修改 ConnectFour.java 的代码，让计算机能与自己对弈。获胜的是第一个玩家还是第二个玩家？每次都是同一个玩家获胜吗？
5. 你能利用现有代码或其他方式为 ConnectFour.java 中的评估方法找到一种优化方案，使其在相同时间内能够达到更大的搜索深度吗？
6. 利用本章开发的 `alphabeta()` 函数以及 Java 库（实现生成合法棋步并维护棋盘状态）来开发一个国际象棋 AI。

Chapter 9 第9章

其他问题

我们已经在本书中介绍了大量与现代软件开发活动相关的问题的求解技术。为了研究这些技术，我们探讨了多个著名的计算机科学问题。但并非所有著名的计算机问题都符合前几章介绍的模型。本章是一个大杂烩，将集中介绍那些不适合归入其他章节的著名问题。不妨把这些问题视作意外收获：问题更有趣，所需代码又很少。

9.1 背包问题

背包问题（knapsack problem）是一个优化问题，在给定的一组有限可用选项中，找出有限资源的最优用法，并编成一个有趣的故事。假设小偷潜入了一户人家想偷点东西。他有一个背包，所能偷的物品数量受限于背包的容量。他应该把哪些东西放进背包偷走呢？这个问题如图 9.1 所示。

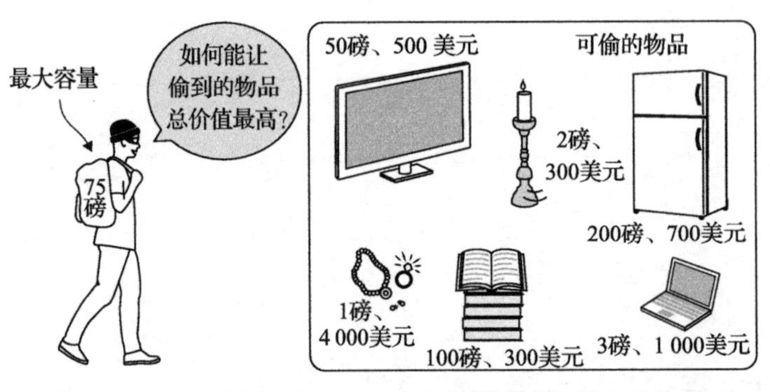

图 9.1　由于背包容量有限，因此小偷需要决定偷走哪些东西

如果小偷可以拿走任意数量的任意物品，那么他只需要简单地将每件物品的价值除以重量，计算出可用容量下价值最高的物品。但为了让这个场景更加真实，我们规定小偷不能偷走半件物品（如2.5台电视机），于是就衍生出了求解该问题的0/1变体，因为多了一条必须遵守的规则：小偷要么拿走整件物品，要么不拿。

首先，我们定义一个内部类 Item 来保存物品。

代码清单 9.1 Knapsack.java

```
package chapter9;

import java.util.ArrayList;
import java.util.List;

public final class Knapsack {

    public static final class Item {
        public final String name;
        public final int weight;
        public final double value;

        public Item(String name, int weight, double value) {
            this.name = name;
            this.weight = weight;
            this.value = value;
        }
    }
```

如果使用暴力方法来求解的话，我们就需要着眼于如何对放入背包中的物品进行组合。在数学上这被称为幂集，一个集合（本例中为物品的集合）的幂集可能有 2^N 种不同的子集，其中 N 是物品的数量。因此，暴力方法需要分析 2^N 种组合，即复杂度为 $O(2^N)$。如果物品不多，这种方式是可行的，但对于大量的物品来说就难以维持了。任何步数为指数级的解法都是应该避免的。

这里将使用一种名为动态规划（dynamic programming）的技术，它在概念上类似于第1章中的记忆化（memoization）。动态规划不使用暴力方法一次性把问题全部解决，而是先解决构成大问题的子问题并保存结果，再利用这些缓存的结果来解决更大的问题。只要把背包的容纳能力离散化考虑，就可以使用动态规划来解决背包问题。

例如，要解决背包容量为3磅、物品数量为3个的背包问题，我们可以先解决背包容量和物品数量分别为1磅[⊖]1个物品、2磅1个物品以及3磅1个物品的问题。然后可以用求得的结果来解决1磅2个物品、2磅2个物品、3磅2个物品的问题。最后，我们可以解决全部3个物品的问题。

⊖ 1磅=0.454千克。——编辑注

整个求解过程就相当于填写一个表格，给出每种容量和物品数量组合的最优解。对于这里的函数，我们先要进行填表操作，然后根据表格求出解[⊖]。

代码清单 9.2 Knapsack.java 续

```
    public static List<Item> knapsack(List<Item> items, int maxCapacity) {
        // build up dynamic programming table
        double[][] table = new double[items.size() + 1][maxCapacity + 1];
        for (int i = 0; i < items.size(); i++) {
            Item item = items.get(i);
            for (int capacity = 1; capacity <= maxCapacity; capacity++) {
                double prevItemValue = table[i][capacity];
                if (capacity >= item.weight) { // item fits in knapsack
                    double valueFreeingWeightForItem = table[i][capacity -
 item.weight];
                    // only take if more valuable than previous item
                    table[i + 1][capacity] = Math.max(valueFreeingWeightForItem
 + item.value, prevItemValue);
                } else { // no room for this item
                    table[i + 1][capacity] = prevItemValue;
                }
            }
        }
        // figure out solution from table
        List<Item> solution = new ArrayList<>();
        int capacity = maxCapacity;
        for (int i = items.size(); i > 0; i--) { // work backwards
            // was this item used?
            if (table[i - 1][capacity] != table[i][capacity]) {
                solution.add(items.get(i - 1));
                // if the item was used, remove its weight
                capacity -= items.get(i - 1).weight;
            }
        }
        return solution;
    }
```

上述函数第一部分的内层循环将执行 NC 次，其中 N 是物品数量，C 是背包的最大容量。因此，该算法将执行 $O(NC)$ 次，当物品数量较多时，这明显比暴力方法要好很多。例如，对于 11 件物品，暴力方法需要检查 2^{11}（即 2048）种组合。因为这里背包的最大容量为 75 个单位，所以上述动态规划函数将执行 $11 \times 75 = 825$ 次。这种差别随着物品数量的增加将会呈指数级增长。

下面看一下实际的求解结果。

⊖ 为了编写此解决方案，我研究了好几份资料，其中最权威的是 Robert Sedgewick 的 *Algorithms*（Addison-Wesley，1988）第 2 版。我查阅过 Rosetta Code 网站上求解 0/1 背包问题的几个示例，特别是其中的 Python 动态规划解决方案。本函数在很大程度上来自这里，本书 Swift 版的内容来源也与此相同（我先从 Python 版本移植到 Swift，接着又回到 Python，最后移植到 Java 版本）。

代码清单 9.3 Knapsack.java 续

```
    public static void main(String[] args) {
        List<Item> items = new ArrayList<>();
        items.add(new Item("television", 50, 500));
        items.add(new Item("candlesticks", 2, 300));
        items.add(new Item("stereo", 35, 400));
        items.add(new Item("laptop", 3, 1000));
        items.add(new Item("food", 15, 50));
        items.add(new Item("clothing", 20, 800));
        items.add(new Item("jewelry", 1, 4000));
        items.add(new Item("books", 100, 300));
        items.add(new Item("printer", 18, 30));
        items.add(new Item("refrigerator", 200, 700));
        items.add(new Item("painting", 10, 1000));
        List<Item> toSteal = knapsack(items, 75);
        System.out.println("The best items for the thief to steal are:");
        System.out.printf("%-15.15s %-15.15s %-15.15s%n", "Name", "Weight",
     "Value");
        for (Item item : toSteal) {
            System.out.printf("%-15.15s %-15.15s %-15.15s%n", item.name,
     item.weight, item.value);
        }
    }

}
```

可以从控制台输出的结果看出，最优解是 painting、jewelry、clothing、laptop、stereo 和 candlesticks 的组合。下面给出了一些输出示例，其中列出了在给定背包容量时，小偷应该窃取哪些最值钱的物品：

```
The best items for the thief to steal are:
Name            Weight          Value
painting        10              1000.0
jewelry         1               4000.0
clothing        20              800.0
laptop          3               1000.0
stereo          35              400.0
candlesticks    2               300.0
```

为了能更好地理解该函数的工作原理，我们来看一下 knapsack() 方法的实现细节：

```
for (int i = 0; i < items.size(); i++) {
    Item item = items.get(i);
    for (int capacity = 1; capacity <= maxCapacity; capacity++) {
```

对于每种可能的物品数量，我们都将线性遍历所有容量，一直到背包的最大容量。请注意，这里是“每种可能的物品数量”，而不是每一件物品。i 等于 2 不代表第 2 件物品，而是代表在每个已搜索的容量以内前两件物品的可能组合。item 是正要被窃取的下一件物品：

```
double prevItemValue = table[i][capacity];
if (capacity >= item.weight) { // item fits in knapsack
```

prevItemValue 是正在探索的当前 capacity（容量）以内最后一种物品组合的价值。对于每种可能的物品组合，我们都要考虑是否还有可能加入"新"的物品。

如果物品的总重量超过了当前背包的容量，只需复制当前容量以内的最后一种物品组合的价值：

```
else { // no room for this item
    table[i + 1][capacity] = prevItemValue;
}
```

否则，我们就要考虑在当前容量以内，加入"新"物品能否产生比最后一种物品组合更高的价值。只要将该物品的价值加上表中已算出的价值即可得知，表中已算出的价值是指从当前容量中减去该物品重量后的容量对应的最近一次物品组合的价值。如果总价值高于当前容量下的最后一种物品组合的价值，就将其插入表中，否则插入最后一种组合的价值：

```
double valueFreeingWeightForItem = table[i][capacity - item.weight];
// only take if more valuable than previous item
table[i + 1][capacity] = Math.max(valueFreeingWeightForItem + item.value,
     prevItemValue);
```

至此，建表的工作就完成了。但是，要想真正得到结果中的物品，需要从最高容量值及最终求得的物品组合开始往回找：

```
for (int i = items.size(); i > 0; i--) { // work backwards
    // was this item used?
    if (table[i - 1][capacity] != table[i][capacity]) {
```

我们从最终位置开始，从右到左遍历缓存表，检查插入表中的总价值是否有变化。如果有，就意味着在计算某组合时加入了新的物品，因为该组合比前一组合价值高。于是我们把该物品加入解中。同时，要从总容量中减去该物品的重量，这可以被认为是在表中向上移动：

```
solution.add(items.get(i - 1));
// if the item was used, remove its weight
capacity -= items.get(i - 1).weight;
```

注意 可能大家已经注意到，在构建表和查找解的过程中的一些迭代操作以及表格大小多了1。这是为了便于编写程序。可以想象一下背包问题自下而上的构建过程。一开始我们需要处理容量为0的背包。如果从表的底部开始向上操作，那么我们需要额外的行和列的原因就很好理解了。

你还感到困惑吗？表9-1是由 knapsack() 函数构建的表。之前的问题需要一张相当大的表，因此我们来看一个3磅容量背包和3件物品——matches（1磅）、flashlight（2磅）

和 book（1 磅）——构成的表。假设这些物品的价值分别为 5、10 和 15 美元。

表 9.1 3 件物品的背包问题示例

	0 磅	1 磅	2 磅	3 磅
matches（1 磅，$5）	0	5	5	5
flashlight（2 磅，$10）	0	5	10	15
book（1 磅，$15）	0	15	20	25

根据表格，从左往右，需要装入背包的重量不断增加。从上往下，要装入的物品数量不断增加。第一行只尝试装入 matches。第二行，装入背后所能容纳的价值最高的 matches 和 flashlight 的组合。第三行，装入价值最高的 3 种物品组合。

为了便于理解，你可以尝试自己填写类似的空白表，并使用 `knapsack()` 方法中描述的算法来填写这三个相同条目，然后在函数末尾使用算法从表中读出正确的物品。这张表对应的就是函数中的 `table` 变量。

9.2 旅行商问题

旅行商问题是所有计算问题中最经典、最常被谈论的问题之一。一个旅行商必须访问地图上所有的城市，并且每个城市只能被访问一次。旅行商旅途的终点必须是他开始旅行的那个城市。每个城市都与其他城市之间有道路连接，旅行商可以按照任意顺序来访问这些城市。对旅行商来说，最短路径是什么呢？

这个问题可以被看作第 4 章所讨论的图问题，城市是顶点，城市之间的道路是边。你的第一反应可能是寻找最小生成树（如第 4 章所述）。但不幸的是，想要解决旅行商问题并非那么简单。最小生成树是用最少的道路连接所有的城市，但它不能找到访问所有城市并且只访问一次的最短路径。

这个问题看似简单，但没有算法能够快速求解任意城市数量的该问题。什么是“快速”呢？它表示旅行商问题是所谓的 NP 困难问题（NP-hard problem）。NP 困难问题——非确定性多项式时间复杂性难题（non-deterministic polynomial hard problem），是指求解此类问题不存在多项式时间内可完成的算法（花费的时间是输入量的多项式函数）。随着旅行商要访问的城市数量不断增加，求解问题的难度将增长得异常迅速。求解 20 个城市要比求解 10 个城市困难得多。就目前的知识而言，在合理时间内不可能完全（最优）求解出含数以百万计城市的旅行商问题。

注意 旅行商问题的朴素解法的复杂度为 $O(n!)$，原因将在 9.2.2 节讨论。在阅读 9.2.2 节之前，建议先阅读一下 9.2.1 节，因为朴素解法的实现能让其复杂度一目了然。

9.2.1 朴素解法

旅行商问题的朴素解法就是尝试所有可能的城市组合。尝试朴素解法能将问题的难度呈现出来。这说明朴素解法不适合大规模的暴力求解。

示例数据

在该旅行商问题中，旅行商想要访问 Vermont 州的 5 个主要城市。我们将不指定出发（终点）城市。图 9.2 显示了 5 个城市及其之间的行驶距离。请注意，每对城市之间的路线上都标上了距离。

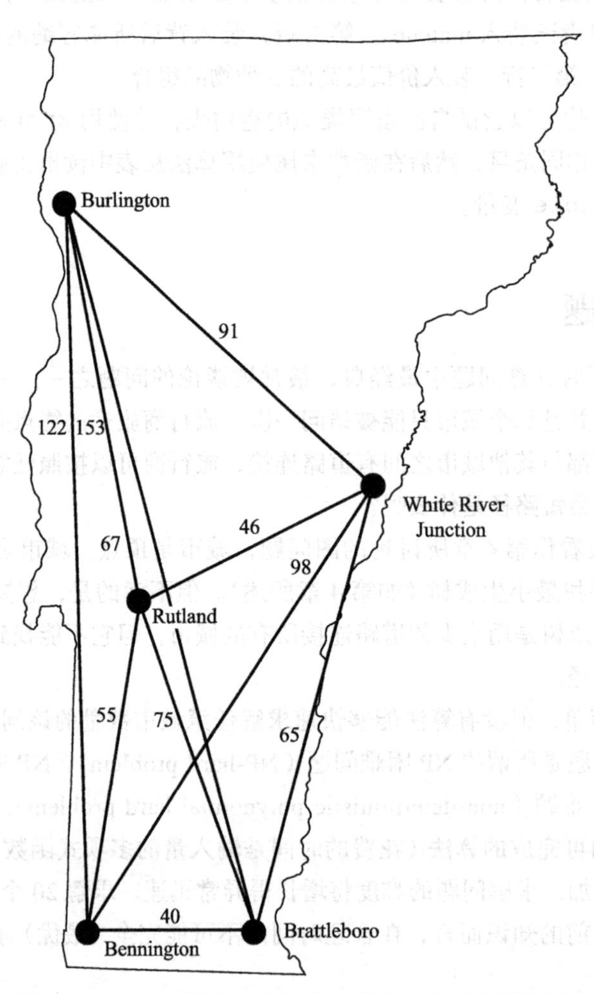

图 9.2 Vermont 州的 5 个城市及其相互之间的行驶距离

或许大家之前已经见过表格形式的行驶距离数据。在行驶距离表中，我们可以轻松找出任意两个城市之间的距离。表 9.2 列出了本问题中 5 个城市间的行驶距离。

表 9.2 Vermont 州各城市之间的行驶距离

	Rutland	Burlington	White River Junction	Bennington	Brattleboro
Rutland	0	67	46	55	75
Burlington	67	0	91	122	153
White River Junction	46	91	0	98	65
Bennington	55	122	98	0	40
Brattleboro	75	153	65	40	0

我们需要为城市和它们之间的距离定义数据结构，以便解决该问题。为了使城市之间的距离便于查找，我们将使用在 `Map` 中嵌套 `Map` 的结构。外部的键值代表一对城市中的第一个城市，内部的键值代表第二个城市。最终的类型定义为 `Map<String, Map<String, Integer>>`。它可以通过 `vtDistances.get("Rutland").get("Burlington")` 这样的方式来进行查找，其返回值为 67。当着手解决 Vermont 州的问题时，我们将使用名为 `vtDistances` 的 `Map` 类型。不过，我们需要先进行一些设置。我们定义的类中包含一个 `Map` 和一个工具方法，这个方法稍后会用来交换数组中两个不同位置的数据项。

代码清单 9.4 TSP.java

```
package chapter9;

import java.util.ArrayList;
import java.util.Arrays;
import java.util.List;
import java.util.Map;

public class TSP {
    private final Map<String, Map<String, Integer>> distances;

    public TSP(Map<String, Map<String, Integer>> distances) {
        this.distances = distances;
    }

    public static <T> void swap(T[] array, int first, int second) {
        T temp = array[first];
        array[first] = array[second];
        array[second] = temp;
    }
```

查找所有排列

旅行商问题的朴素解法需要生成所有城市每一种可能的排列（permutation）。排列生成算法有许多种而且都非常简单，你一定可以想到。

常见的排列生成算法是回溯算法。我们第一次介绍回溯是在第 3 章求解约束满足问题的过程中，当发现不满足问题约束的部分解后用到了回溯。这时将恢复到较早的状态，并沿着不同于出错部分解的路径继续搜索。

为了查找列表内数据项（例如本例中的城市）的所有排列方案，我们也可以采用回溯算法。在交换列表元素进入后续排列方案的路径之后，我们就可以回溯到交换之前的状态，以便进行其他的交换并沿着不同的路径前进。

代码清单 9.5 TSP.java 续

```java
private static <T> void allPermutationsHelper(T[] permutation, List<T[]>
 permutations, int n) {
    // Base case - we found a new permutation, add it and return
    if (n <= 0) {
        permutations.add(permutation);
        return;
    }
    // Recursive case - find more permutations by doing swaps
    T[] tempPermutation = Arrays.copyOf(permutation, permutation.length);
    for (int i = 0; i < n; i++) {
        swap(tempPermutation, i, n - 1); // move element at i to end
        // move everything else around, holding the end constant
        allPermutationsHelper(tempPermutation, permutations, n - 1);
        swap(tempPermutation, i, n - 1); // backtrack
    }
}
```

这个递归函数取名为Helper，因为它会被其他参数更少的函数所调用。allPermutationsHelper()的参数是由我们正在处理的初始排列、到目前为止生成的排列以及要交换的剩余项的数量构成的。

对于那些需要使用多个参数来进行调用的递归函数来说，一种常见的模式就是只对外暴露具有更少参数的函数，这样更易于使用。permutations()就属于这种更易于使用的函数。

代码清单 9.6 TSP.java 续

```java
private static <T> List<T[]> permutations(T[] original) {
    List<T[]> permutations = new ArrayList<>();
    allPermutationsHelper(original, permutations, original.length);
    return permutations;
}
```

permutations()只接收一个参数：想要生成排列的数组。它调用allPermutationsHelper()来查找这些排列，使得permutations()的调用方无须提供permutations和n这两个参数就可以调用allPermutationsHelper()。

通过回溯来查找给出的所有排列非常有效。查找每个排列只需要在数组中进行两次交换。不过，还有一种方法可以在查找所有排列的时候对每个排列做一次交换。这种高效的算法就是Heap算法——请不要将该算法与数据结构中的堆（heap）混淆，这里的Heap是算法发明者的名字[⊖]。对于数据量非常巨大的数据集（这不是我们这里要处理的）来说，效率上的

⊖ Robert Sedgewick, "Permutation Generation Methods" (Princeton University), http://mng.bz/87Te.

差异至关重要。

暴力搜索

现在，我们可以为城市列表生成全部排列了，但这与旅行商问题的路径不完全相同。在旅行商问题中，旅行商最后必须回到最开始出发时的城市。当我们在求解最短路径时，最后需加上旅行商访问的最后一个城市到最开始的城市的距离，下面我们就用这样的方法进行求解。

现在，我们可以尝试对已经排列出的路径进行测试了。暴力搜索查看路径列表中的每一条路径，并用两个城市间距离表（distances）计算出每条路径的总距离，然后打印出最短路径及其总距离。

代码清单 9.7 TSP.java 续

```
    public int pathDistance(String[] path) {
        String last = path[0];
        int distance = 0;
        for (String next : Arrays.copyOfRange(path, 1, path.length)) {
            distance += distances.get(last).get(next);
            // distance to get back from last city to first city
            last = next;
        }
        return distance;
    }

    public String[] findShortestPath() {
        String[] cities = distances.keySet().toArray(String[]::new);
        List<String[]> paths = permutations(cities);
        String[] shortestPath = null;
        int minDistance = Integer.MAX_VALUE; // arbitrarily high
        for (String[] path : paths) {
            int distance = pathDistance(path);
            // distance from last to first must be added
            distance += distances.get(path[path.length - 1]).get(path[0]);
            if (distance < minDistance) {
                minDistance = distance;
                shortestPath = path;
            }
        }
        // add first city on to end and return
        shortestPath = Arrays.copyOf(shortestPath, shortestPath.length + 1);
        shortestPath[shortestPath.length - 1] = shortestPath[0];
        return shortestPath;
    }

    public static void main(String[] args) {
        Map<String, Map<String, Integer>> vtDistances = Map.of(
                "Rutland", Map.of(
                        "Burlington", 67,
                        "White River Junction", 46,
                        "Bennington", 55,
                        "Brattleboro", 75),
```

```
                "Burlington", Map.of(
                        "Rutland", 67,
                        "White River Junction", 91,
                        "Bennington", 122,
                        "Brattleboro", 153),
                "White River Junction", Map.of(
                        "Rutland", 46,
                        "Burlington", 91,
                        "Bennington", 98,
                        "Brattleboro", 65),
                "Bennington", Map.of(
                        "Rutland", 55,
                        "Burlington", 122,
                        "White River Junction", 98,
                        "Brattleboro", 40),
                "Brattleboro", Map.of(
                        "Rutland", 75,
                        "Burlington", 153,
                        "White River Junction", 65,
                        "Bennington", 40));
        TSP tsp = new TSP(vtDistances);
        String[] shortestPath = tsp.findShortestPath();
        int distance = tsp.pathDistance(shortestPath);
        System.out.println("The shortest path is " +
    Arrays.toString(shortestPath) + " in " +
                distance + " miles.");
    }
}
```

我们终于可以使用暴力方法来对Vermont州的城市进行搜索了，以便找出到达全部5个城市的最短路径。输出的结果应与下面的结果类似。图9.3画出了最短路径。

```
The shortest path is [White River Junction, Burlington, Rutland, Bennington,
     Brattleboro, White River Junction] in 318 miles.
```

9.2.2 进阶

求解旅行商问题并不容易，朴素解法很快就不再可行。生成的排列数量是n的阶乘($n!$)，其中n是问题中的城市数量。如果我们增加1个城市（从5个变为6个），需要计算的路径数量将会增加6倍。如果在此基础上再增加1个城市，问题难度就会再增加7倍。这不是一种可扩展的做法！

实际上，我们很少会用到旅行商问题的朴素解法。对于包含大量城市的旅行商问题，大多数算法都只是求出近似解。这些算法尝试求得问题的近似最优解。近似最优解可能位于完美解的较小可知范围内（例如，它们的效率降低不超过5%）。

本书已经提供了两种可用于求解大数据集旅行商问题的技术。一种是本章背包问题中介绍的动态规划，另一种是第5章介绍的遗传算法。许多发表的期刊文章中都将遗传算法归为求解包含大量城市的旅行商问题的近似最优解的解法。

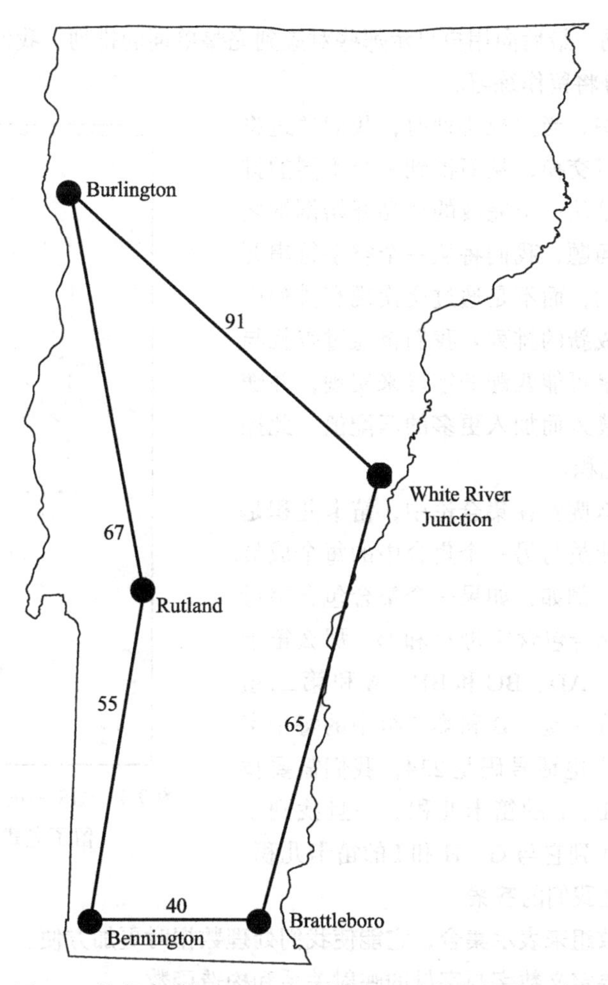

图 9.3 旅行商访问 Vermont 州全部 5 个城市的最短路径

9.3 电话号码助记符

在内置有通讯录的智能手机出现之前，电话数字键盘的每个按键上都带有字母。这些字母是为了提供简单的助记符，帮助记忆电话号码。在美国，数字键 1 上通常不带字母，2 上是 ABC，3 上是 DEF，4 上是 GHI，5 上是 JKL，6 上是 MNO，7 上是 PQRS，8 上是 TUV，9 上是 WXYZ，0 上没有字母。例如，1-800-MY-APPLE 对应于电话号码 1-800-69-27753。在广告中偶尔还会出现这些助记符，而在现代智能手机上依旧保留了这样的数字键盘，如图 9.4 所示。

如何为某个电话号码想出一个新的助记符呢？在 20 世纪 90 年代，有一些流行的共享软件可以帮助完成这项工作。这些软件会生成电话号码各字母的每种排列，并在字典中查找出排列所对应的单词，最后向用户显示那些对应到完整单词的排列。我们会完成问题的前半部分，字典查找部分将留作练习。

在上一个问题中，当生成排列时，我们通过将一个已有的排列进行交换，从而得到一个不同的排列。你可以想象成是从一个完成的产品开始倒推之前的工作。对于本问题，我们将从一个空字符串开始重新生成每个排列，而不是通过交换现有排列中两个值的位置来生成新的排列。我们将通过查找与电话号码中每个数字可能匹配的字母来实现，并随着后续数字的不断读入而加入更多的匹配值。此操作依旧是一种笛卡儿积。

图 9.4 iOS 中的电话应用程序依旧保留了老式电话按键上的字母

笛卡儿积是什么呢？在集合论中，笛卡儿积是一个集合中的所有成员与另一个集合中的每个成员的所有组合的集合。例如，如果一个集合包含字母A和B，而另一个集合包含字母C和D，那么笛卡儿积就是集合AC、AD、BC和BD。A和第二组中的每个字母组合在一起，B和第二组中的每个字母组合在一起。如果电话号码是234，我们需要找到A、B、C与D、E、F的笛卡儿积。一旦找到了这个结果，就需要找到它与G、H和I的笛卡儿积。这个乘积的乘积就是我们的答案。

我们这里使用数组来表示集合，它能使我们处理数据时更加方便。

首先，我们需要定义数字与字母的映射关系和构造函数。

代码清单 9.8 PhoneNumberMnemonics.java

```java
package chapter9;

import java.util.ArrayList;
import java.util.Arrays;
import java.util.Map;
import java.util.Scanner;

public class PhoneNumberMnemonics {
    Map<Character, String[]> phoneMapping = Map.of(
            '1', new String[] { "1" },
            '2', new String[] { "a", "b", "c" },
            '3', new String[] { "d", "e", "f" },
            '4', new String[] { "g", "h", "i" },
            '5', new String[] { "j", "k", "l" },
            '6', new String[] { "m", "n", "o" },
            '7', new String[] { "p", "q", "r", "s" },
```

```
            '8', new String[] { "t", "u", "v" },
            '9', new String[] { "w", "x", "y", "z" },
            '0', new String[] { "0", });
    private final String phoneNumber;
    public PhoneNumberMnemonics(String phoneNumber) {
        this.phoneNumber = phoneNumber;
    }
```

下面的方法通过将第一个数组中的每个数据项与第二个数组中的每个数据项相加来得到两个 String 数组的笛卡儿积。

代码清单 9.9 PhoneNumberMnemonics.java 续

```
    public static String[] cartesianProduct(String[] first, String[] second)
     {
        ArrayList<String> product = new ArrayList<>(first.length * sec-
     ond.length);
        for (String item1 : first) {
            for (String item2 : second) {
                product.add(item1 + item2);
            }
        }
        return product.toArray(String[]::new);
    }
```

现在，我们可以找到某个电话号码的所有助记符。getMnemonics() 通过依次获取前一个乘积（从一个空字符串数组开始）的笛卡儿积和表示下一个数字的字母数组来实现这一点。main() 会对用户提供的电话号码调用 getMnemonics() 方法。

代码清单 9.10 PhoneNumberMnemonics.java 续

```
    public String[] getMnemonics() {
        String[] mnemonics = { "" };
        for (Character digit : phoneNumber.toCharArray()) {
            String[] combo = phoneMapping.get(digit);
            if (combo != null) {
                mnemonics = cartesianProduct(mnemonics, combo);
            }
        }
        return mnemonics;
    }

    public static void main(String[] args) {
        System.out.println("Enter a phone number:");
        Scanner scanner = new Scanner(System.in);
        String phoneNumber = scanner.nextLine();
        scanner.close();
        System.out.println("The possible mnemonics are:");
        PhoneNumberMnemonics pnm = new PhoneNumberMnemonics(phoneNumber);
        System.out.println(Arrays.toString(pnm.getMnemonics()));
    }

}
```

将电话号码1440787写成1GH0STS会更容易记忆。

9.4 实际应用

背包问题所采用的动态规划技术适应范围比较广，能将貌似很棘手的问题分解成较小的问题，再把多个较小问题的部分解组合在一起形成整体解。背包问题本身与一些其他优化问题相关联，这些问题必须将有限的资源（背包的容量）分配给有限且会耗尽该资源的可选目标集（要窃取的物品）。试想一下，一所大学需要分配运动经费预算。学校没有足够的资金来资助所有运动队，因此希望每个运动队能够获取一些校友捐款。于是可以求解一个类似背包的问题来优化预算分配，这类问题在现实世界中十分普遍。

旅行商问题是UPS和FedEx等快递公司每天都会遇到的问题。快递公司希望司机能以最短的路线行驶，这不仅让司机工作起来更加愉悦，还能节约燃料和维修成本。人们都有可能会出差或旅游，如果能找出多个目的地之间的最佳路线，就可以节省很多资源。但旅行商问题不仅仅是行进路径问题，几乎所有需要单次访问节点的寻路场景都涉及此问题。假设需要为社区连通电缆，尽管第4章的最小生成树可以最小化所需电缆的数量，但如果每栋房子都必须只与其他房屋连接一次，且需要组成一个大回路以便能回到起点位置的话，最小生成树算法将无法得出电缆的最优数量，而使用旅行商问题就能得到解决。

排列生成技术（类似于旅行商问题和电话号码助记符问题中的朴素解法）有助于对各种暴力算法进行测试。例如，要破解一个密码且密码长度已知，则可以对能够出现在密码中的字符生成所有可能的排列。对于大规模的排列生成任务而言，从业人员选择类似Heap算法的高效排列生成算法会更为明智。

9.5 习题

1. 用第4章的图框架为旅行商问题的朴素解法重新编写实现代码。
2. 通过实现第5章介绍的遗传算法来求解旅行商问题。请从本章的Vermont州5个城市的简单数据集开始。你能让遗传算法在短时间内得到最优解吗？然后再尝试加入更多的城市，此时，遗传算法是否还能撑得住？你可以在网上搜索一下，找到专门为旅行商问题制作的大型数据集。请开发一个测试框架来检验解法的效率。
3. 在电话号码助记符程序中使用一个字典，使其仅返回包含字典内单词的字母排列。

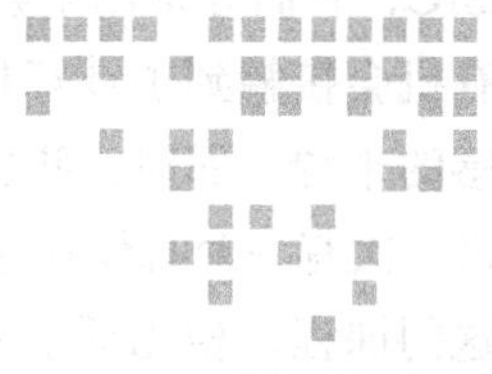

第 10 章 Chapter 10

采访布赖恩·戈茨

布赖恩·戈茨（Brian Goetz）是 Java 界的领军人物之一。作为 Oracle 的 Java 语言架构师，他帮助引导该语言及其支持库的发展方向。他带领该语言进行了几次重要的现代化改造，包括 Project Lambda。布赖恩在职业生涯中大部分实践耕耘在软件工程领域，是畅销书 *Java Concurrency in Practice*[⊖]（Addison-Wesley Professional，2006）的作者。

本次采访于 2020 年 8 月 25 日在佛蒙特州威利斯顿布赖恩的家中进行。为清晰起见，我们对文字记录进行了编辑和压缩。

1. 您最初是如何进入计算机行业的？

在 1978 年左右，大概十三四岁的时候，我开始成为一名业余爱好者。当时在学校里我有机会使用分时计算系统，参加过同一项目的哥哥给了我些书和其他资料让我阅读，我完全被里面的内容吸引了。那是一套极具吸引力且复杂、有规则可循的管理系统。放学以后，我沉浸在学校的计算机教室里用所有的时间来学习。那是一个多编程语言的时代。在过去的 25 年里，没有一种主导语言，每个人都应该知道多种编程语言。我自学了 BASIC、Fortran、COBOL、APL 和汇编语言。在学习的过程中，我看到了每一种语言作为一种工具是如何解决不同问题的。因为当时没有任何正规教育，我完全是自学的。当时很多学校甚至没有计算机科学系，我的学位不是计算机科学学位而是数学学位。但是在我看来，数学对我非常有帮助。

2. 有没有一种编程语言，在第一次学习时就对您产生了非常大的影响？

说实话，没有，我只是把接触到的编程语言都学了一遍。当时的主流语言是 Fortran、

⊖ 本书已由机械工业出版社翻译出版，中文书名《Java 并发编程实战》，ISBN978-7-111-37004-8。——编辑注

COBOL和BASIC，它们分别用于解决不同类型的问题。但后来，当我在麻省理工学院读研究生的时候，有机会接触到了计算机程序的构造与解释课程，在那里我学习了Scheme，这也是我所有灵感的来源。那时，我已经从事了将近10年的编程工作，并且遇到了很多有趣的问题。这是第一次有一套总体理论可以让我将日常观察的细节联系起来。我很幸运作为一名研究生学习这门课程，相比新生来说，我不需要了解其他的基础课程。有了更多的经验，我就可以不受细节影响，看到其潜在的结构之美。如果必须选择一个让我真正感受到计算之美的时刻，那就是那门课程。

3. 大学毕业后，您是如何培养软件工程和计算机科学技能的？

我认为几乎所有人都是一样的——主要通过行动培养技能。在日常的工程开发环境中，我们常常在解决问题时陷入困境，我们需要自己解决所面临的问题。我们拥有一系列解决问题的工具，但是并不清楚如何正确地使用这些工具，我们需要反复试验，分析出什么是有效的——以及在什么样的复杂场景下是无效的。理想情况下，这个过程会伴随一些归纳推理的行为，通过这个过程你可以厘清某些工具为什么可行、何时可行、何时不可行。在我早期的职业生涯中，我做过一些典型的软件开发工作，也曾经在实验室做过研究、在制作网络软件的公司工作过。和大多数开发人员一样，我通过实践和实验来学习。

4. 您的职业生涯是如何让您发展成为一名Java语言架构师的？

这是一条相当奇怪、曲折的发展道路！在我职业生涯的前半段，我基本上只是一名普通的程序员。在某个时候，我转变成了介于编程和教育之间的角色，做演讲，写文章，最终出了一本书。我总是试图选择那些让我难以理解的主题，因为它们可能也会让其他人感到难以理解——我会尝试以一种可以理解的方式来阐释它们。我发现我有一种天赋，可以弥合技术细节和直觉思维模型之间的差距，它在编写*Java Concurrency in Practice*时发挥到了极致——那差不多是15年前了！此后，我开始在Sun工作，我的工作更像是技术布道，而不是开发，需要向人们解释“JVM是如何工作的？”“动态编译器有什么作用？”“为什么动态编译可能比静态编译更好？”我试图揭开这项技术的神秘面纱，揭开围绕它的谜团。我加入Sun以后，就看到了Java团队的工作流程是如何运作的，并且在某个时间节点，我得到了做出一些贡献的机会。如果我必须给人们一张如何到达那里的路线图，我不知道我会怎么画，但这绝对不是一条直线。

5. 成为Java语言架构师意味着什么？

简而言之，我必须决定Java编程模型的发展方向。当然，这里有很多很多选择——而且很多人很乐意给我建议！我相信900万Java开发人员中，每个人都对某个语言特性有一两个想法，当然我们不能做到所有甚至大部分，所以我们必须非常非常仔细地挑选。我的工作是不断平衡保持发展的需求，保持Java的市场地位，并且保证Java一直是“Java”。市场相关性有许多方面：与我们想要解决的问题相关；与我们运行的硬件相关；与程序员的兴趣、方向甚至流行趋势相关。我们必须前进，但我们也不能行动得太快，以至于我们失去了开发者。如果我们要在一夜之间做出彻底的改变，人们会说，“这不是我所知道的Java”，然后他们会选择去做其他事。因此，我们必须决策前进的方向和速度，以便能够与人们想要解决的问题保持相关性，而不会让人们感到不适应。

对我来说，这意味着要站在Java开发人员的角度，了解他们的痛点在哪里，然后尝试以一种适合他们的方式发展语言并消除他们正在经历的痛点，但不一定以他们所想象的方式进行。亨利·福特（Henry Ford）有句老话：“如果我问我的顾客他们想要什么，他们会告诉我‘更快的马’。”程序员很容易说“你应该添加这个特性”，而真正的艺术在于倾听这个建议并理解他们的痛点，真正让他们认为这是正确的解决方案。通过对从其他开发人员那里听到的信息进行比较，也许我们可以看到真正缺失的是什么，这将真正解决人们的痛点，使他们更有效率，使程序更安全、更高效。

6. Java语言的发展过程是如何进行的？是如何决定将新特性添加到语言中的？

事实上，直接从零到一创造一个新特性是相当罕见的。现实情况是，几乎每一个“新”想法都在编程世界中流行了几十年。当有人带着新特性的想法来找我的时候，我总能将其与很久以前用其他语言完成的某件事相联系起来。这个过程的很大一部分是等待合适的时间展示一个新概念，并以与语言其余部分一致的方式对其进行拟合。我们不缺乏特性理念，在每种语言中，你都会发现许多这些社区中的人喜欢的特性。真正有意义的是深入他们的内心，并问他们：“有了这个特性，你能做什么事情？它如何使你的程序更安全？它如何允许更好的类型检查？它如何让你的程序更不容易出错、更有表现力，等等？”

这是一个相当主观的过程。如果我们想要解决人们的痛点，就必须主观判断哪种痛点现在解决更重要。你可以看看过去添加到Java中的重要特性：在2005年左右，我们看到了一个明显的差距——泛型。当时，语言对参数多态非常敏感，他们想在1995年引入泛型，但不知道如何以一种对语言有意义的方式来实现，而且他们不想把C++模板移植到Java上，这会很糟糕。他们又花了将近10年的时间才弄清楚如何以一种自然的方式向Java添加参数多态性和数据抽象，而且我认为他们做得非常出色。我们最近在研究lambda表达式时对行为抽象做了同样的事情，实践过程中很多工作都超出了理论的范围。自20世纪30年代以来，lambda表达式的理论已经被很好地理解了，困难的部分是如何让Java引入它，而不是将其强行加入Java？衡量成功的最终标准是，当你在3、5或7年之后终于交付了一件东西，人们会问，“是什么让你花了这么长时间？这太明显了。”好吧，我们第一年的版本不会看起来那么简单或明显。我们不想把它强加于人，所以我们得慢慢来。

7. 在考虑一个特性时，您怎么知道它不仅仅是趋势，而且是开发者真正需要的重要东西？

这是一个很好的问题，因为确实有一些侥幸成功的案例。在21世纪初，有一次向Java语言添加XML文本的重大呼吁，我认为这是需要躲避的“子弹”。并非所有语言都躲过了那颗子弹。

我不能给你一个确切的算法。通常，你只需要坐下来，花很长时间思考它，看看它和其他语言的联系是什么样子的。我们都见过某些语言为了解决某个特定问题而附加某个特性，但这个问题可能不是永远的问题。如果你愿意坐下来，耐心地反复思考，然后再做决定，通常就能感觉到某件事什么时候才是重点。

8. 在担任 Java 语言架构师期间，Java 的哪些新增特性让您感到最自豪？

我是将 lambda 添加到 Java 的规范负责人。这个特性不仅是一个巨大的变化，而且标志着该语言将如何发展。从某种意义上说，这是一件成败攸关的事情，因为在此之前，Sun 因面临破产而无暇顾及，而我们也无法以希望的速度发展平台。很明显，当时 Java 正在落后，而这正是我们向世界证明 Java 可以保持相关性和编程乐趣的大好机会。

将 lambda 添加到 Java 的主要挑战是使它看起来不像是附加属性，而是集成到整个系统中，就好像它一直都在那里一样。关于如何做到这一点的建议有很多——几乎所有建议都是“像其他语言那样做”。所有这些都不那么令人满意。我们可能会提前一两年达到这个目标，但不会得到一个同样有效的结果，我们会在很长一段时间内被它的技术债所缠身。我真正自豪的是，我们设法弄清楚如何在多个层面上把它整合到语言中，这样它看起来就像是本身就属于那里。它在泛型类型系统中工作得非常干净，我们必须彻底检查语言的许多其他方面才能使其工作——我们必须修改类型推断及其与重载选择的交互。如果你问人们在 Java 8 中添加了什么特性，任何人都说不出。但这是工作中很大的一部分——它在使用层以下，但它是让你可以写你想写的代码所需要的基础，而且它很自然地工作。

我们还必须解决兼容 API 演变的问题。我们在 Java 8 中面临的一个巨大风险是，使用 lambda 编写库的方式与在没有 lambda 的语言中编写库的方式非常不同。我们没想让语言变得更好，然后突然间，我们所有的库看起来都老了 20 年。我们必须解决这样一个问题：如何以一种兼容的方式发展这些库，以便它们能够利用这些新的库设计习惯用法。这就引出了兼容地向接口添加方法的能力，这是保持我们拥有的库相关性的重要组成部分，因此，在第一天，语言和库就为新的编程风格做好了准备。

9. 很多学生问我的一个问题是他们应该使用多少 lambda ？他们可以在代码中过度使用它们吗？

我可能从与许多学生不同的角度来看待这个问题，因为我编写的大多数代码都是要供许多人使用的库。编写像 streams API 这样的库的门槛非常高，因为你必须在第一次就把它写对。更改它的兼容性标准非常高，我倾向于对行为进行抽象的思考，当你跨越用户代码和库代码之间的边界时，lambda 允许做的主要事情是设计不仅可以使用数据参数化还可以使用函数参数化的 API，因为 lambda 让我们将行为视为数据。所以我关注的是客户端和这个库之间的互动以及自然控制流。什么时候客户端获取所有的字符串是有意义的，什么时候客户端将一些行为传递给库并在适当的时间调用是有意义的？我不确定我的经历能否直接被学生借鉴。但有一件事肯定是成功的关键，那就是能够识别代码中的界限在哪里、职责的划分在哪里。无论这些是在单独编译的模块中严格划分的还是在有详细文档的 API 中严格划分的，这都是我们需要时刻关注的事情。

我们在代码中使用这些边界是有原因的——这样我们就可以通过分而治之的方式来管理复杂度。每次你设计这些边界时，你都在设计一个小的交互协议，你应该考虑每一方参与者的角色，他们交换什么信息，以及这种交换是什么样的。

10. 您之前谈到了 Java 的一段停滞期，那是什么时候？为什么会发生？

我想说 Java 6-7 时期是 Java 的黑暗时代。不巧的是，这正是 Scala 开始获得一些关注的时候，部分原因是我认为生态系统在说，“好吧，如果 Java 不起来运行，我们可能需要另找一匹马来支持。”幸运的是，它确实开始运行了，并且从那以后就一直运行着。

11. 现在我们看到了这种语言的快速进化，这其中的发展思路是如何改变的？

从总体上看，它没有改变太多，但在细节上，它改变了很多。从 Java 9 之后开始，我们转向了为期六个月的时间盒发布节奏，而不是多年的特性盒节奏。这么做有各种各样的理由，其中之一是，当我们计划用大型发行驱动进行跨年发布时，有许多优秀的、较小的想法总是被挤出去。更短的发布节奏让我们能更好地混合大特性和小特性。在六个月的版本中，许多版本都有较小的语言特性，比如局部变量类型推断。它们不一定只花了六个月的时间，可能仍然需要一两年的时间，但我们现在有更多的机会，一旦准备好了，就可以交付。除了更小的特性，你还会看到更大的特性弧线，如模式匹配，它们可能会在多年期间以增量形式出现。前面的部分可以让我们了解语言的发展方向。

还有一些可以单独交付的相关特性集。例如，模式匹配、记录和密封类型协同工作，以支持更面向数据的编程模型。这并非偶然，是基于人们在使用 Java 的静态类型系统来建模正在处理的数据时的痛点。在过去的 10 年中，程序发生了怎样的变化？它们变小了。人们正在编写更小的功能单元，并将其部署为（比如）微服务。因此，更多的代码将更接近于边界，它将从某些合作伙伴那里获得数据，无论是通过套接字连接的 JSON、XML 还是 YAML，然后转换成一些 Java 数据模型，在其上进行操作，然后反向操作。我们希望将数据建模变得更容易，因为人们越来越多地这样做。因此，这组特性旨在以这种方式协同工作。你可以在许多其他语言中看到类似的特性集合，只是名称不同。在 ML 中，它们为代数数据类型，因为记录类是产品类型，而密封类是求和类型，并且你可以通过模式匹配对代数数据类型进行多态性处理。这些是 Java 开发人员之前可能没有见过的个别特性，因为他们没有使用 Scala、ML 或 Haskell 进行编程。它们对 Java 来说可能是新的，但它们并不是新概念，并且它们已被证明可以协同工作，从而实现与人们今天正在解决的问题相关的编程风格。

12. 我想知道 Java 中是否有一项您最感兴趣的即将推出的特性。

我对模式匹配潜在的巨大前景感到非常兴奋，因为在研究它的过程中，我意识到它一直是 Java 对象模型中缺失的，而我们没有注意到。Java 提供了很好的封装工具，但它只提供了一种方式：使用一些数据调用构造函数，从而得到一个对象，然后该对象不会暴露其状态。它暴露状态的方式通常是通过一些不符合编程规范的临时API。但是有很多类只是对普通的旧数据建模。解构模式的概念实际上只是我们从第一天开始就有的一个概念（也就是构造函数）的对偶概念。构造函数接受状态并将其转换为对象。那反过来呢？如何将对象解构成开始时（或可能重新开始时）的状态？这正是模式匹配所能做到的。事实证明，对于许多问题，使用模式匹配的解决方案比临时解决方案更直接、更优雅，而且最重要的是可组合。

我提出这一点是因为尽管在过去50年里我们已经了解了编程语言理论的进步，但我对编程语言历史的总结是："我们有一个有效的技巧。"这个技巧就是组合，这是管理复杂性的唯一方法。因此，作为语言设计者，我们希望寻找允许开发人员使用组合而不是对抗组合的技术。

13. 为什么从计算机科学领域了解解决问题的技术很重要？

因为站在巨人的肩膀上！有很多问题别人已经解决了，而且往往是别人付出了巨大的努力和代价，并且总结了很多错误。如果你不知道如何意识到所面对的问题可能已经被别人解决过了，你会很想重新找到解决方案——而且你可能不会比他们做得更好。

前几天我看了一部有趣的漫画，讲的是数学是如何运作的。当发现新事物时，起初没有人相信它是真的，并且人们需要花几年时间才能弄清楚细节。要让数学界的其他学者认同这是有意义的，可能还需要几年的时间。但是，若有一堂45分钟的课讲了这个问题，当一个学生听不懂的时候，教授就会问，"我们昨天用整堂课的时间讲了这个问题，你怎么可能听不懂呢？"我们在课堂上看到的很多概念都是多年来人们绞尽脑汁解决问题的结果。我们所解决的问题是非常困难的，所以我们需要我们所能得到的每一点帮助。如果能将问题分解，使某些部分可以用现有技术解决，那将是极大的解放。这意味着你不需要重新创造一个解决方案，尤其是一个不坏的解决方案。你不需要重新发现所有明显的解决方案不完全正确的方法。你可以只依赖于现有的解决方案，并专注于问题的特殊部分。

14. 有时，学生很难想象他们学到的数据结构和算法问题将如何在现实世界的软件开发中出现。您能告诉我们在软件工程中出现计算机科学问题的频率是多少吗？

这让我想起了毕业后10～15年，我回去看望我的导师时的一段对话。他问了我两个问题。第一个问题是，"你在工作中用到了所学的数学知识吗？"我说，"嗯，说实话，不经常用到。"第二个问题是，"但是你是否运用了学习数学时学到的思考和分析技能？"我说："当然，每天都在用。"他为自己出色地完成工作而自豪地笑了。

以红黑树为例，它们是如何工作的？大多数时候，我都不必在乎。如果需要，每种语言都有一个非常好的预先编写的、经过良好测试的高性能库，我们可以直接使用它。重要的技能不是能够重新创建这个库，而是知道如何发现何时可以有效地使用它来解决更大的问题，它是不是正确的工具，它如何适应整体解决方案的时间或空间复杂性，等等。这些都是你一直在使用的技能。当你处于数据结构类中时，可能很难透过树看到森林。你可以在课堂上花很多时间研究红黑树的机制，这可能很重要，但这可能是你永远不会用到的。希望你不会在面试中被问到这个问题，因为我认为这是一个糟糕的面试问题！但是，你应该知道树查找的时间复杂度是多少，为了达到这种复杂度，密钥分布的条件是什么，等等。这是现实世界的开发者每天都需要思考的问题。

15. 您能否举一个例子，说明您或其他工程师能够运用计算机科学知识来更好地解决工程问题？

在我自己的工作中，这有点有趣，因为理论是我们所做的许多工作的非常重要的基础，但是这个理论也不能在现实世界的语言设计中为你解决这个问题。例如，Java 不是一种纯语言，所以从理论上讲，从 monad 上学不到什么。但是，从 monad 中当然可以学到很多东西。因此，当我研究一个可能的特性时，我可以依靠很多理论。这给了我一种直觉，但最后一点我得自己补。大多数类型理论并不处理抛出异常这样的场景，但是，Java 有异常处理机制。这并不意味着类型理论是无用的。在 Java 语言的发展过程中，我可以依靠很多类型理论。但我必须承认，理论只能让我走这么远，我需要自己走完最后一公里。

找到这种平衡很困难，但这很关键，因为说“哦，理论对我没有帮助”太容易了，然后你就在重新发明轮子。

16. 计算机科学的哪些领域对语言发展很重要？

类型理论是显而易见的一种。大多数语言都有一个类型系统，有些语言有不止一个。例如，Java 在静态编译时有一个类型系统，在运行时有不同的类型系统。甚至还有第三种验证时间的系统。当然，这些类型系统必须是一致的，但它们具有不同的精度和粒度，所以类型理论很重要。有很多关于程序语义的工作也是很有用的，但不一定适用于日常语言设计。但我认为，如果不打开类型理论的书籍，阅读几十篇论文，任何合理的项目都不会顺利进行。

17. 如果有人对语言设计感兴趣，您建议他们在职业生涯中学习或者去做的事情有哪些，以便他们有一天能成为像您这样的人？

显然，为了参与语言设计，你必须了解语言开发人员使用的工具，你必须理解编译器、类型系统以及计算理论的所有细节，包括有限自动机、上下文无关语法，等等。这是理解所有这些东西的先决条件。使用多种不同的语言，特别是不同种类的语言进行编程，以了解他们处理问题的不同方式、他们所做的不同假设、他们为该语言保留的不同工具以及他们所使用的工具也非常重要。我认为，要想在语言设计中取得成功，你必须对编程有相当广的视角，你还需要有“系统思考”的视角。当你向某种语言添加一个特性时，它会改变人们用这种语言编程的方式，也会改变你未来的发展方向。你必须能够看到特性的使用方式、是否可能被滥用，新均衡是否真的比旧均衡更好，以及它是否只是将问题转移到另一个地方。

事实上，我想给每个人一些建议——走出去学习不同种类的编程语言——不管是否对编程语言感兴趣。学习一种以上的编程范式会让他们成为更好的程序员；当他们面对一个问题时，他们更容易看到解决问题的多种方法。我特别推荐学习函数式语言，因为它会给你一个关于如何构造程序的不同而有用的视角，并（以好的方式）扩展你的大脑。

18. 您经常看到 Java 程序员犯哪些错误，他们是否可以通过更好地利用语言的特性来避免这些错误？

我认为最大的问题是不去理解泛型是如何工作的。泛型中有一些不明显的概念，但不是很多，一旦你开始使用它们，它们就不是那么难了。泛型是其他特性（如 lambda）的基础，也是理解许多库的关键。但许多开发者将其视为"我该怎么做才能让红色的曲线消失？"的尝试，而不是将其作为杠杆。

19. 您认为在未来 5 ～ 10 年内，对于程序员来说，最大的转变是什么？

我认为未来将是传统计算问题解决和机器学习的结合。现在，编程和机器学习是完全独立的领域。目前的机器学习技术已经休眠了 40 年，所有关于神经网络的研究都是在 20 世纪六七十年代完成的。但我们直到现在才有足够的计算能力和数据来训练它们。我们现在有了这些东西，突然间它们变得相关联了。你会看到机器学习被应用到手写字符识别、语音识别、欺诈检测等领域，以及我们过去尝试使用基于规则的系统或启发式方法（不是很好）解决的所有问题。但问题是，我们用于机器学习的工具和思维方式与我们编写传统程序的方式完全不同。我认为这对未来 20 年的程序员来说是一个巨大的挑战。他们将如何将这两种不同的思维方式与这两种不同的工具结合起来，以解决日益需要这两种技能的问题？

20. 您认为未来十年编程语言中最大的阶段性变化是什么？

我认为我们现在看到了一个大趋势，那就是面向对象语言和函数式语言的融合。20 年前，语言被严格地划分为函数式语言、过程式语言和面向对象语言，它们对于如何建模世界都有自己的哲学。但每一个模型都有一定的缺陷，因为它只是模拟了世界的一部分。在过去 10 年左右，从像 Scala 和 F# 这样的语言开始，到现在 C# 和 Java 等语言，许多最初在函数式编程中扎根的概念正在寻找它们进入更广泛的语言的途径，我认为这种趋势只会持续下去。有些人喜欢开玩笑说，所有的语言都在向 $MY_FAVORITE_LANGUAGE 靠拢。这个笑话有些道理，函数式语言获得了更多的数据封装工具，而面向对象语言获得了更多的函数组合工具。原因很明显，这两个都是有用的工具。每个人都擅长解决这样或那样的问题，但我们被要求去解决同时涉及这两个方面的问题。所以我认为，在未来 10 年里，我们将看到，传统上被认为是面向对象的概念和传统上被认为是函数概念日益融合。

21. 我认为函数式编程世界对 Java 的影响有很多例子。您能给我们举几个例子吗？

最明显的例子是 lambda 表达式。而且，你知道，把它们称为函数式编程概念是不公平的，因为 lambda 计算比计算机早了几十年。它是描述和组成行为的自然模型。它在像 Java 或 C# 这样的语言中就像在 Haskell 或 ML 中一样有意义，所以这显然是一个。另一个类似的例子是模式匹配，大多数人都把它和函数式语言联系在一起，因为这可能是他们第一次看到它，但实际上，模式匹配可以追溯到20世纪70年代的SNOBOL等语言（那是一种文本处理语言）。模式匹配实际上非常适合对象模型。它不是一个纯粹的函数概念。只是函数式语言在我们之前注意到了它的用处。许多与函数式语言相关的概念在面向对象语言中也很有意义。

22. 从许多方面来看，Java是世界上非常流行的编程语言。您认为是什么让它如此成功，为什么您认为它会继续成功下去？

任何成功都需要一点点运气，我认为我们应该始终承认运气在成功中所起的作用，否则就是不诚实。我认为在很多方面，Java的出现都是在正确的时间节点。当时，世界正处在决定是否从C跳到C++的风口上。无论好坏，C语言是当时的主流语言，而C++一方面提供了比C更好的抽象能力，另一方面又提供了难以置信的复杂性。所以你可以想象，整个世界都站在悬崖上，然后Java出现了，并说："我可以给你C++承诺给你的大部分东西，而且几乎没有那么复杂。"每个人都说，"是的，我们想要那个！"这就是在正确的时间做了正确的事。它借鉴了许多在计算领域已经存在多年的旧思想，包括垃圾收集和在编程模型中构建并发性，这些以前在严肃的商业语言中没有使用过，而所有这些都与人们在20世纪90年代解决的问题有关。

詹姆斯·高斯林（James Gosling）有一句名言，他将Java描述为"披着羊皮的狼"。人们需要垃圾收集，他们需要一个比pthreads更好的集成并发模型，但他们不想要这些东西传统上附带的语言，因为它们附带了各种各样的其他东西，让他们害怕。另外，Java看起来很像C。事实上，它们特意让语法看起来像C。它很熟悉，然后它们可以偷偷地把一些很酷的东西和它一起使用，直到很久以后你才注意到。Java的创始人设计整个语言运行时，预设了即时编译，但并没有完全实现。1995年的第一个Java版本是严格解释的，它很慢，但每一个关于语言、类文件格式和运行时结构的设计决策都是基于使其快速运行的专有技术做出的。最终，它变得足够快了，在某些情况下，甚至比C还快（尽管有些人仍然觉得这是不可能的）。因此，正是由于一些天时地利的运气，以及对技术发展方向和人们真正的需求的许多出色的远见，才使得Java得以发展。但这只是刚开始时发生的事情——为了让Java保持第一，竞争对手渴望吃掉Java的市场份额，我们需要更多的东西。我认为，即使是处于Java黑暗时期，让我们坚持下去的，也是对兼容性的不懈承诺。

发布不向下兼容的更改是违背承诺的一种行为，这会导致使用语言的客户所投入的努力付诸东流。在每一次你破坏别人代码的时候，都是在让别人尝试使用另一门开发语言重写代码。但是，Java不会这么做，你在5年、10年、15年、20年、25年前编写的Java代码仍然有效。但这也意味着我们的语言进化会相对慢一些。但是，使用者能够在代码和程序易读性方面保持较低的投资。我们不会违背自己对兼容性的承诺，也不会用这种方式影响使用者。我们在未来面临的挑战是，如何在进化的同时保持兼容性。如何做到这点我觉得是我们的秘密武器，在过去的25年里，我们发掘了维护兼容性的合理方式并且实践得很好。这使我们能够灵活且增量发布泛型、lambda表达式、模块、模式匹配以及其他在Java界比较陌生的语言新特性。

23. Go因其集成的并发模型而广受赞誉，但早在1995年，Java就已经在语言中内置了同步原语、关键字和线程模型。您觉得为什么它没有得到更多的赞誉？

我认为部分原因是，很多真正巧妙的地方都在人们看不到的使用层之下。人们通常不会赞扬正常工作的东西，所以这可能是一部分原因。我不太喜欢Go，有几个原因。每个人都认为并发模型是Go的秘密武器，但我认为它们的并发模型实际上很容易出错。也就是说，你拥有具有非常基本的消息传递机制（通道）的协程。但几乎在所有情况下，通道一端或另一端的东西都有一些共享的可变状态，由锁保护。这意味着你将消息传递中可能出现的错误和共享状态并发中可能出现的错误结合在了一起，并且Go用于共享状态并发的并发原语比Java中的要弱得多（例如，它们的锁是不可重入的，这意味着你不能组合任何使用锁的行为。这意味着你经常必须编写同一事物的两个版本——一个在持有锁时调用，一个在不持有锁时调用）。我认为人们将会发现，Go的并发模型和Reactive没什么不同，将会成为一种过渡性技术，在一段时间内看起来很有吸引力，但更好的东西将会出现，我认为人们很快会抛弃它。（当然，这可能只是我的偏见。）

24. 作为Java语言架构师，您的日常工作是什么样的？

其实所有工作都和Java的发展路线相关。任何平常的一天，我都可能在做关于语言进化的纯研究，并预估特性在未来如何嵌入现有的语言框架中。我可以对某些东西的实现进行原型设计，以查看设计中的部件如何组合在一起。我可能为团队写一份方向声明："这是我认为我们在解决这个问题的过程中所处的位置，这是我认为我们已经弄清楚的地方，这是剩下的问题。"我可能会在开会，与用户交谈，试图了解他们的痛点是什么，在某种程度上，推销我们未来的发展方向。任何一天都可能在做这些事情。有些事情是当下发生的，有些是向前看的，有些是向后看的，有些是面向社区的，有些是面向内部的。每天都不一样！

现在，我参与的一个项目（我们已经开发了几年）是对泛型类型系统的升级，以支持原语和类原语聚合。这涉及语言、编译器、翻译策略、类文件格式和JVM。为了能强有力地说我们有了一个故事，所有这些部分都必须联系起来。所以在任何一天，我都可能在交叉处理这两件事，看看故事是否合理。这是一个需要数年时间的过程！

25. 对于想要提高自己技能的自学程序员、学生或有经验的开发人员，您有什么建议吗？

理解一项技术最有价值的方法之一是了解其历史背景，问一问"这项技术与之前解决同一问题的技术有何关联？"因为大多数开发人员并不总是能够自主选择他们使用什么技术来解决问题。如果你在2000年是一名开发人员，你接受了一份工作，他们会告诉你，"我们使用这个数据库，我们使用这个应用程序容器，我们使用这个IDE，我们使用这个语言。现在去编程。”他们已经为你做好了选择，但是你正在处理的每一个部分都存在于历史背景中，它是某人解决我们昨天以不同方式解决的问题的更好想法的产物。通常情况下，你可以理解之前的技术迭代中什么是不可行的，是什么让人们说，“我们不要那样做，我们就这么做吧。”由于计算的历史非常短暂，大部分的历史信息仍然可用，请参阅 1.0 版本中所写的内容。设计师们会告诉你他们为什么要发明它，以及他们为什么因无法用现有技术解决问题而感到沮丧。了解这种技术的用途和遇到的瓶颈非常有用。

你可以在推特上关注布赖恩 @BrianGoetz。

Appendix A 附录 A

术 语 表

本附录定义了书中部分关键术语。

activation function（激活函数） 在人工神经网络中转换神经元输出的函数，通常是为了提供非线性变换能力或保证将输出值限制在一定范围内（第 7 章）。

acyclic（无环图） 没有环路的图（第 4 章）。

admissible heuristic（可接受的启发式算法） A* 搜索算法的启发式算法，绝不高估抵达目标的成本（第 2 章）。

artificial neural network（人工神经网络） 用计算工具模拟生物神经网络，以解决那些难以简化为传统算法适用形式的难题。请注意，人工神经网络的操作通常与生物学意义上的神经网络存在明显的差异（第 7 章）。

auto-memoization（自动记忆化） 在语言层级实现的记忆化，其中会保存不会有副作用的函数调用结果，以供后续相同调用时检索（见第 1 章）。

backpropagation（反向传播） 一种用来训练神经网络权重的技术，基于正确输出已知的一组输入来完成。这里用偏导数计算权重对实际结果与预期结果之误差所承担的“责任”。这些 delta 将用于修正后续训练中的权重（第 7 章）。

backtracking（回溯） 在搜索问题中，碰到障碍后就回到之前的决策点（转向与之前不同的方向）（第 3 章）。

bit string（位串） 一种数据结构，存储的是 1 和 0 组成的序列，每个序列值用 1 位内存表示。有时也被称作位向量（bit vector）或位数组（bit array）(第 1 章)。

centroid（形心） 聚类族的中心点。通常该点每个维度的值都是其他所有点在此维度的均值（第 6 章）。

chromosome（染色体） 在遗传算法中，种群中的个体被称为染色体（第5章）。

cluster（聚类簇） 参见聚类（第6章）。

clustering（聚类） 一种无监督学习技术，可以将数据集划分为由相关点构成的多个小组，这些小组被称作聚类簇（第6章）。

codon（密码子） 组成氨基酸的3种核苷酸的组合（第1章）。

compression（压缩） 对数据进行编码（改变格式）以减少占用空间（第1章）。

connected（连通） 图的一种属性，表明任一顶点都存在到其他任意顶点的路径（第4章）。

constraint（约束） 为解决约束满足问题而必须满足的条件（第3章）。

crossover（交换） 在遗传算法中，将种群中的个体组合在一起创造出后代，这些后代是其父母的混合体，并将组成下一代种群。

CSV 一种文本交换格式，每行数据中的值以逗号分隔，行与行之间通常由换行符分隔。CSV的意思是逗号分隔的值（comma-separated values）。CSV是从电子表格和数据库导出的数据的常见格式（第7章）。

cycle（环） 图的路径，在没有回溯的情况下同一个顶点会被访问两次（第4章）。

decompression（解压缩） 压缩过程的逆操作，将数据恢复为原格式（第1章）。

deep learning（深度学习） 任何一种用高级机器学习算法分析大数据的技术都可以被认为是深度学习。最常见的深度学习是用多层人工神经网络求解大数据集应用问题（第7章）。

delta 表示神经网络中权重的预期值与实际值之间的差距的一个值。预期值由数据的训练和反向传播进行确定（见第7章）。

digraph（图） 参见有向图（第4章）。

directed graph（有向图） 也称作图，有向图的边只能朝一个方向遍历（第4章）。

domain（值域） 约束满足问题中变量的可能取值范围（第3章）。

dynamic programming（动态规划） 动态规划不采用暴力法直接解决大型问题，而是把大型问题分解为更可控的小型子问题（第9章）。

edge（边） 图中两个顶点（节点）之间的连接（第4章）。

exclusive or（异或） 参见XOR（第1章）。

feed-forward（前馈） 一种神经网络，信号在其中朝一个方向传播（第7章）。

fitness function（适应度函数） 一种评分函数，对问题可能的解进行效果评价（第5章）。

generation（代） 遗传算法中的一轮计算，也用于表示一轮计算过程中由激活个体组成的种群（第5章）。

genetic programming（遗传编程） 运用选择、交换和突变操作符进行自我修改的程序，以便求解解法不明显的编程问题（第5章）。

gradient descent（梯度下降） 用反向传播计算出来的delta和学习率，修改人工神经网络权重的方法（第7章）。

graph（图） 一种抽象的数学结构，通过将问题划分为一组相互连通的节点来对现实世界的问题进行建模。这些节点被称为顶点，顶点间的连接被称为边（第4章）。

greedy algorithm（贪心算法） 一种在任意决策点都选择最优直接选项的算法，以期能导出全局最优解（第4章）。

heuristic（启发式算法） 一种关于问题求解路径的直觉，认为该路径指向正确的方向（第2章）。

hidden layer（隐藏层） 在前馈人工神经网络中，所有位于输入层和输出层之间的层（第7章）。

infinite loop（无限循环） 不会终止的循环（第1章）。

infinite recursion（无限递归） 不会终止的递归调用并且持续发起新的递归调用。这类似于无限循环。通常是由缺少基线条件引起的（第1章）。

input layer（输入层） 前馈人工神经网络的第一层，接收来自某种外部实体的输入（第7章）。

learning rate（学习率） 通常是一个常数，用于根据计算得出的delta调整人工神经网络权重的修改率（第7章）。

memoization（记忆化） 一种将计算任务的结果保存起来的技术，以供后续从内存中读取，从而节省为重新生成相同结果而额外耗费的计算时间（第1章）。

minimum spanning tree（最小生成树） 连接所有顶点的生成树，所有边的权重最低（第4章）。

mutate（突变） 在遗传算法中，当个体被放入下一代种群之前随机改变该个体的某些属性（第5章）。

natural selection（自然选择） 生物优胜劣汰的进化过程。给定有限的环境资源，最善于利用这些资源的生物将会存活并繁衍。经过几代后，就会让有利的特征在种群中扩散，由此环境约束就做出了自然选择（第5章）。

neural network（神经网络） 由多个神经元构成的网络，神经元相互协同进行信息处理。这些神经元通常按层组织（第7章）。

neuron（神经元） 神经细胞个体，正如人类大脑中的神经细胞（第7章）。

normalization（归一化） 让不同类型的数据具有可比性的过程（第6章）。

NP-hard problem（NP困难问题） 一类没有已知多项式时间算法能够求解的问题（第9章）。

nucleotide（核苷酸） DNA的4种碱基腺嘌呤（A）、胞嘧啶（C）、鸟嘌呤（G）和胸腺嘧啶（T）之一的实例（第2章）。

output layer（输出层） 前馈人工神经网络中的最后一层，用于对给定输入和问题确定神经网络的求解结果（第7章）。

path（路径） 连接图中两个顶点的边的集合（第4章）。

ply（回合） 双人游戏中的一个回合（通常可被视为一步）(第8章)。

population（种群） 在遗传算法中，种群是多个个体的集合（每个种群都代表问题可能的解），这些个体相互竞争以期求解问题（第5章）。

priority queue（优先队列） 基于“优先级”顺序弹出数据项的数据结构。例如，为了首先响应最高优先级的电话，优先队列可以与紧急电话数据集一起使用（第2章）。

queue（队列） 一种抽象数据结构，保证先进先出（First-In-First-Out，FIFO）的顺序。队列的实现代码至少应提供入队和出队操作，分别用于添加和移除元素（第2章）。

recursive function（递归函数） 调用自己的函数（第1章）。

selection（选择） 在遗传算法的一代运算中，为了繁殖而选择个体的过程，以创造下一代中的个体（第5章）。

sigmoid function（sigmoid 函数） 流行的激活函数之一，用于人工神经网络。名为sigmoid的函数始终会返回介于0到1之间的值。它还有助于确保神经网络把超出线性变换的结果表示出来（第7章）。

SIMD instruction（SIMD 指令） 针对向量计算做过优化的微处理器指令，有时也称为向量指令。SIMD代表单指令多数据（single instruction，multiple data)(第7章)。

spanning tree（生成树） 连接图中每个顶点的树（第4章）。

stack（栈） 一种抽象数据结构，保证后进先出的顺序（Last-In-First-Out，LIFO）。栈的实现代码至少应提供入栈和出栈操作，分别用于添加和移除元素（第2章）。

supervised learning（监督学习） 机器学习技术中的算法或多或少需要外部资源的指导才能得出正确解（第7章）。

synapses（突触） 神经元之间的间隙，神经递质充斥其中用以传导电流。用非专业的话说，这些就是神经元之间的连接（第7章）。

training（训练） 人工神经网络在训练阶段利用反向传播调整权重，用到的是某些给定输入的已知正确输出（第7章）。

tree（树） 任意两个顶点之间只有一条路径的图。树是无环图（第4章）。

unsupervised learning（无监督学习） 不用先验知识即可得出结论的机器学习技术，也就是说，这种技术无须指导就能自行运行（第6章）。

variable（变量） 在约束满足问题的上下文中，变量是必须作为解的一部分并求出的参数。变量的可能取值范围为值域。解必须满足一条或多条约束条件（第3章）。

vertex（顶点） 图的一个节点（第4章）。

XOR 一种逻辑位操作，只要有一个操作数为 `true` 就返回 `true`，两个操作数都为 `true` 或都不为 `true` 时则返回 `false`。在Java语言中，用运算符 ^ 表示XOR（第1章）。

z-score 数据点与数据集均值之间的距离，以标准差为计数单位（第6章）。

Appendix B 附录 B

更多资源

接下来应该做些什么呢？本书涵盖的主题十分广泛，这里将介绍一些优秀的资源，以便大家做进一步的探索。

B.1 Java

正如引言所述，本书假定读者至少应该了解 Java 语言中级程度的知识。过去几年，Java 有了长足的发展。下面这本书可以让你了解 Java 语言的最新发展，并帮助你将 Java 技能从中级提升到高级：

- Raoul-Gabriel Urma, Mario Fusco, Alan Mycroft, *Modern Java in Action* (Manning, 2018), www.manning.com/books/modern-java-in-action.
  - 介绍 lambda、流和 Java 中的现代函数机制。
  - 使用 Java 的最新 LTS（长期支持）版本——Java11——来编写示例代码。
  - 涵盖广泛的现代 Java 主题，对只学习过 Java 8 的开发人员非常有帮助。

B.2 数据结构和算法

引用一下本书的引言部分："这不是一本数据结构和算法的教材。"本书很少用到大 O 表示法，也没有数学定理的证明。本书更像是重要编程技术的实践教程，因此再准备一本真正的教材是非常必要的。虽然在线资源很不错，但拥有由学术界和出版社精心审校过的资料有时候会更好。

- ❑ Thomas Cormen, Charles Leiserson, Ronald Rivest, and Clifford Stein, *Introduction to Algorithms*, 3rd ed. (MIT Press, 2009), https://mitpress.mit.edu/books/introduction-algorithms-third-edition.
  - 这是计算机领域引用次数最多的教材之一，非常权威，以至于常用作者的首字母CLRS来指代。
  - 内容全面且严谨。
  - 教学风格有时会被认为不如其他教材平易近人，但仍是一本优秀的参考书。
  - 大部分算法都给出了伪代码。
  - 第4版正在编写中，因为这本书价格较高，所以关注第4版的出版时间，直接购买第4版或许更划算。
- ❑ Robert Sedgewick and Kevin Wayne, *Algorithms*, 4th ed. (Addison-Wesley Professional, 2011), http://algs4.cs.princeton.edu/home/.
  - 全面而又平易近人地介绍了算法和数据结构。
  - 编排合理，所有算法都带有Java完整示例。
  - 在大学的算法课中比较流行。
- ❑ Steven Skiena, *The Algorithm Design Manual*, 2nd ed. (Springer, 2011), www.algorist.com.
  - 编著方式不同于本科学习的其他教材。
  - 给出的代码较少，但对每个算法的合理用法展开了讨论。
  - 给出了大量算法的角色扮演指南。
- ❑ Aditya Bhargava, *Grokking Algorithms* (Manning, 2016), www.manning.com/books/grokking-algorithms.
  - 以图形化的方式讲授基本算法，辅以可爱的漫画。
  - 非参考书，而是首次学习一些基础主题的指南。
  - 非常直观的类比和易于理解的文风。
  - 示例代码使用Python语言编写。

B.3 人工智能

人工智能正在改变世界。本书不仅引入了一种传统的人工智能搜索技术，如A*算法和极小化极大算法，还介绍了激动人心的人工智能分支学科——机器学习，如k均值聚类和神经网络。人工智能不仅非常有趣，还能让你为下一波计算技术浪潮做好准备。

- ❑ Stuart Russell and Peter Norvig, *Artificial Intelligence: A Modern Approach*, 3rd ed. (Pearson, 2009), http://aima.cs.berkeley.edu.
  - 关于AI的权威教材，常用于大学课程。

- 涉及面广。
- 可在线获取优秀的源代码库（书中伪代码的实现版本）。

❑ Stephen Lucci and Danny Kopec, *Artificial Intelligence in the 21st Century*, 2nd ed. (Mercury Learning and Information, 2015), http://mng.bz/1N46.

- 若要寻求比Russell和Norvig的书更接地气、更丰富多彩的资料的话，这便是其中一本，非常平易近人。
- 包含一些有关从业人员有趣的小插曲，以及很多真实的应用。

❑ Andrew Ng, " Machine Learning " course (Stanford University), www.coursera.org/learn/machine-learning/.

- 免费的在线课程，涵盖许多基础的机器学习算法。
- 由世界知名专家讲授。
- 常作为该领域优秀的入门资料而被从业人员提及。

B.4 函数式编程

Java以函数式风格来进行编写，但它起初并不是为此而设计的。如果深入研究一下Java，确实可以用它来实现函数式编程，但若采用纯粹的函数式语言编程，然后将从中学到的一些理念带回Java，也会有很大的收获。

❑ Harold Abelson and Gerald Jay Sussman with Julie Sussman, *Structure and Interpretation of Computer Programs* (MIT Press, 1996), https://mitpress.mit.edu/sicp/.

- 函数式编程的经典介绍，常用于大学计算机科学课的入门教材。
- 用Scheme语言讲授，这是一种易于掌握的纯函数式语言。
- 免费在线提供。

❑ Michaf Pfachta, *Grokking Functional Programming* (Manning, 2021), www.manning.com/books/grokking-functional-programming.

- 对函数式编程做了图形化介绍，非常容易理解。

❑ Pierre-Yves Saumont, *Functional Programming in Java* (Manning, 2017), www.manning.com/books/functional-programming-in-java.

- 对Java标准库中的一些函数式编程实例进行了基础性的讲解。
- 展示了如何使用Java进行函数式编程。